机械 CAD 应用技术

主　编　高晓芳　翟肖墨　樊文渊
参　编　张琳琳　任朝媛　闫　霞
主　审　李粉霞　赵　亮

U0233355

北京理工大学出版社
BEIJING INSTITUTE OF TECHNOLOGY PRESS

内 容 提 要

本书紧密贴合企业对数控技术专业人才的能力需求，充分考虑学生的特点和知识结构，参照 UG NX 设计师应用技术相关标准，采用"项目引领、任务驱动"的编写模式。全书通过具体实例，由浅入深、从易到难地系统介绍 UG NX 软件在工程设计中的应用。本书共包含 3 大项目共 19 个任务，主要涵盖 UG NX 设计工作准备、自动排线装置的模型设计、涡轮增压器装置的模型构建，同时融入三维造型技术的基本知识和相关设计技术与技巧。

本书可作为高等院校、高职院校数控技术、数控设备应用与维修、机电一体化、机械制造及其自动化、模具设计与制造等相关专业的教材，同时也可作为从事机械设计、工业设计等专业的工程技术人员的学习参考书。

版权专有　侵权必究

图书在版编目（CIP）数据

机械CAD应用技术 / 高晓芳，翟肖墨，樊文渊主编.

北京：北京理工大学出版社，2024.7.

ISBN 978-7-5763-4378-6

Ⅰ.TH122

中国国家版本馆CIP数据核字第20248DB852号

责任编辑：高雪梅　　　　　　**文案编辑：**高雪梅
责任校对：周瑞红　　　　　　**责任印制：**李志强

出版发行 / 北京理工大学出版社有限责任公司
社　　址 / 北京市丰台区四合庄路 6 号
邮　　编 / 100070
电　　话 / （010）68914026（教材售后服务热线）
　　　　　　（010）63726648（课件资源服务热线）
网　　址 / http://www.bitpress.com.cn

版 印 次 / 2024 年 7 月第 1 版第 1 次印刷
印　　刷 / 河北鑫彩博图印刷有限公司
开　　本 / 787 mm×1092 mm　1/16
印　　张 / 16.5
字　　数 / 400 千字
定　　价 / 86.00 元

图书出现印装质量问题，请拨打售后服务热线，负责调换

前　言

UG NX 是面向制造行业的 CAD/CAM/CAE 高端软件，广泛应用于工业设计、机械设计、工程仿真和数字化制造等航空、汽车、造船、通用机械、模具和家电等领域。它提供了强大的实体建模技术和高效的曲面构建能力，能够完成复杂的造型设计。

"机械 CAD 应用技术"课程是数控技术专业的核心课程，作为该课程的配套教材，本书在编写上具有以下特点。

1. 编写思路上采用"项目引领、任务驱动"的方式

本书内容突破原知识体系顺序，根据"工学结合，能力为本"的基本指导思想，贴近生产、贴近技术、贴近工艺，采用 3 大项目共 19 个工作任务。注重能力训练，以职业素质培养为基础，贴近职业岗位要求，以任务描述→任务分析→任务实施→相关知识→素养提升→任务拓展为主线，采用"项目引领、任务驱动"的编写模式。

2. 内容组织上按照从简单到复杂的认知规律，在做中学、学中做，理实一体化

本书内容编写融入 UG NX 设计师应用技术考核标准，遵循从简单到复杂、从单一到综合的原则，设计课程内容，实现教、学、做合一，理实一体化。

3. 将素养提升、创新设计融入教材内容

加强对学生综合能力的培养，将素养提升融入教材，与教学内容紧密结合并具有可操作性，既教育了学生又提升了技能。挖掘创新元素，培养学生的创新思维，实现学生创新能力的培养。

4. 配套教学资源全面、丰富

本书配备在线课程，详见网址：https://www.xueyinonline.com/detail/236105117，还配备了大量电子素材，以二维码形式呈现。

本书由山西机电职业技术学院高晓芳、翟肖墨和山西航天清华装备有限责任公司樊文渊担任主编，山西机电职业技术学院张琳琳、任朝媛和山西科技学院闫霞参与本书的编写。具体编写分工：翟肖墨编写项目 2 的任务 2.14；樊文渊编写了项目 2 的任务 2.3；张琳琳编写项目 2 的任务 2.1；任朝媛编写项目 2 的任务 2.12；闫霞编写了项目 2 的任务 2.6；其余内容均由高晓芳编写，并负责统稿，全书由山西机电职业技术学院李粉霞和赵亮主审。

由于编写时间仓促，书中难免存在疏漏和不足之处，恳请广大读者批评指正。

编　者

目　录

项目 1　UG NX 设计工作准备

【知识目标】

1. 熟悉 UG NX 工作界面；
2. 熟悉 UG NX 文件操作；
3. 掌握鼠标与键盘的使用方法；
4. 掌握视图的基本操作。

【能力目标】

1. 能够熟练掌握 UG NX 工作界面操作；
2. 能够熟练掌握 UG NX 的启动、使用及退出；
3. 能够熟练掌握鼠标和键盘操作；
4. 能够熟练掌握视图操作。

【素质目标】

1. 培养严谨求实的科学态度；
2. 培养肯于钻研、乐观向上、勇攀高峰的开拓进取精神；
3. 具备主动学习和不断提升的意识，提高自身的专业水平和竞争力。

【项目描述】

UG NX 软件广泛应用于汽车、航空航天、机械及模具等行业。要学习 UG NX 软件，应首先了解三维建模技术的基本知识，熟悉 UG NX 用户界面、文件的基本操作、鼠标的使用及视图等基本操作。本项目主要对 UG 的工作界面、基本功能和基本操作等进行介绍，只有了解了 UG NX 的工作界面、常见的功能模块和基本操作，才能更好地进行工作设计。

【项目分析】

要使用 UG NX 进行数字化三维模型设计，需要熟悉 UG NX 的界面和用户界面；学会新建、保存和关闭文档；掌握视图操作方法，包括旋转、平移和缩放等；能够从不同角度查看模型，并使用鼠标进行放大、缩小、旋转操作；学会在正视、俯视、轴测等不同方位查看模型。

【知识准备】

1. UG NX 工作界面

UG NX 工作界面如图 1-1-1 所示。其中包括标题栏、菜单栏、快速访问工具条、功能区、上边框条、工作区、资源工具条、状态栏等。

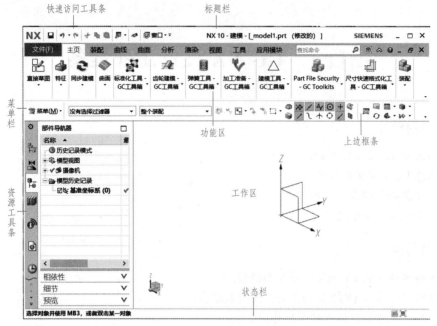

图 1-1-1　建模环境界面

（1）标题栏。标题栏用来显示软件版本，以及当前的模块和文件名等信息。

（2）快速访问工具条。快速访问工具条包含系统文件的基本操作命令，如图 1-1-2 所示。

（3）菜单栏。菜单栏包含软件的主要功能，包括【文件】菜单、【编辑】菜单、【视图】菜单、【插入】菜单、【格式】菜单、【工具】菜单、【装配】菜单、【信息】菜单、【分析】菜单、【首选项】菜单、【窗口】菜单、【GC 工具箱】菜单、【帮助】菜单，如图 1-1-3 所示。

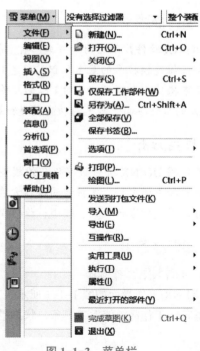

图 1-1-2　快速访问工具条　　　　　　　　　图 1-1-3　菜单栏

（4）功能区。功能区中的命令以按钮的方式进行显示，所有功能区的按钮可以在菜单中找到相应的命令，这样可以减少用户在菜单中查找命令的步骤，方便操作。功能区由【主页】【装配】【曲线】【视图】【应用模块】等选项卡组成，常用的选项卡如下：

1）【主页】选项卡。【主页】选项卡提供建立参数化特征实体模型的大部分工具，主要用于建立规则和不太复杂的模型，以及建立一些形状规则但较复杂的实体特征，也可以用于修改特征形状、位置及其显示状态等，如图 1-1-4 所示。

图 1-1-4 【主页】选项卡

2）【视图】选项卡。【视图】选项卡用来对图形窗口的物体进行显示操作，如图 1-1-5 所示。

图 1-1-5 【视图】选项卡

3）【曲线】选项卡。【曲线】选项卡提供建立各种曲线和修改曲线形状与参数的工具，如图 1-1-6 所示。

图 1-1-6 【曲线】选项卡

4）【应用模块】选项卡。【应用模块】选项卡用于各个模块的相互切换，如图 1-1-7 所示。

图 1-1-7 【应用模块】选项卡

5）【装配】选项卡。【装配】选项卡提供了用于组件装配的各种工具，如图 1-1-8 所示。

图 1-1-8 【装配】选项卡

6）【曲面】选项卡。【曲面】选项卡提供了构建各种曲面和用于修改曲面形状及参数的工具，如图 1-1-9 所示。

图 1-1-9 【曲面】选项卡

（5）上边框条。上边框条提供了选择对象和捕捉点的各种工具，如图 1-1-10 所示。

图 1-1-10 上边框条

（6）工作区。工作区主要用于绘制草图、实体建模、产品装配及运动仿真等。

（7）资源工具条。资源工具条是为用户提供一种快捷的操作导航工具，主要包括装配导航器、部件导航器、Web 浏览器、历史记录、重用库等，如图 1-1-11 所示。

单击资源工具条上方的【资源条选项】按钮，弹出图 1-1-12 所示的【资源条选项】菜单，勾选或取消【销住】选项，可以在固定和滑移状态之间切换页面。

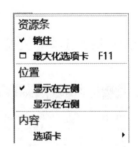

图 1-1-11 资源工具条　　　　图 1-1-12 【资源条选项】菜单

（8）状态栏。状态栏主要用于提示用户如何操作。执行指令时，系统会在状态栏显示下一步操作提示，用户可利用状态栏的帮助，顺利完成操作。

2. UG NX 文件操作

在【文件】菜单中包含各种常用的文件管理命令，包括新建文件、打开和关闭文件、保存文件、导入导出文件。

（1）新建文件。执行菜单栏【文件】→【新建】命令，弹出图 1-1-13 所示的【新建】对话框，选择【模型】选项卡，在【新文件名】的【名称】文本框中输入文件名，选择存放的文件夹，单击【确定】按钮，进入图 1-1-1 所示建模环境。各选项卡介绍如下：

1）模型：该选项卡中包含直线工程设计的各种模板，指定模板并设置名称和保存路径，单击【确定】按钮，即可进入指定的工作环境。

2）图纸：该选项卡中包含执行工程设计的各种图纸类型，指定图纸类型并设置名称和保存路径，然后选择要创建的部件，即可进入指定图幅的工作环境。

3）Simulation：该选项卡包含仿真操作和分析的各个模块，从而进行指定零件的热力学分析和运动分析等，指定模块即可进入指定模块的工作环境。

4）Manufacturing：该选项卡包含加工操作的各个模块，从而进行指定零件的机械加工，指定模块即可进入相应的工作环境。

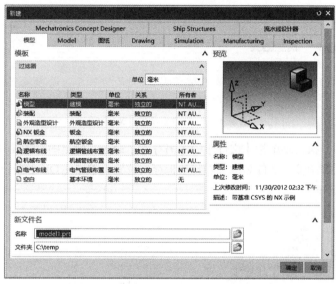

图 1-1-13 【新建】对话框

（2）打开文件。执行菜单栏【文件】→【打开】命令，弹出图 1-1-14 所示的【打开】对话框，该对话框中列出当前目录下文件可供选择。

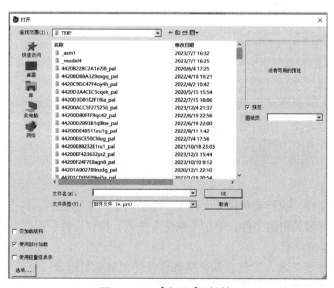

图 1-1-14 【打开】对话框

（3）保存文件。执行菜单栏【文件】→【保存】命令，弹出图 1-1-15 所示的【命名部件】对话框，在该对话框中输入文件名称和选择要保存的位置，单击【确定】按钮，保存文件。如果在图 1-1-13 所示的【新建】对话框中输入了文件名称和路径，选择直接保存文件，则不弹出【命名部件】对话框。

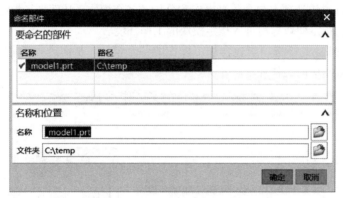

图 1-1-15 【命名部件】对话框

（4）另存文件。执行菜单栏【文件】→【另存为】命令，弹出图 1-1-16 所示的【另存为】对话框，在该对话框中输入文件名称和选择要保存的位置，单击【OK】按钮，保存文件。

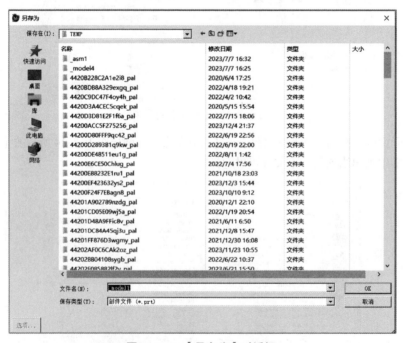

图 1-1-16 【另存为】对话框

（5）关闭部件文件。执行菜单栏【文件】→【关闭】→【选定的部件】命令，弹出【关闭部件】对话框，选择要关闭的文件，单击【确定】按钮，保存文件。

3. 鼠标与键盘的使用

鼠标和键盘是主要的输入工具，如果能够熟练使用鼠标与键盘，就能快速提高设计效率，因此正确操作鼠标和键盘十分重要。

（1）鼠标操作。鼠标用来选择命令或对象，其在 UG NX 中的应用频率非常高。功能强大、应用最广泛的是三键滚轮鼠标。鼠标的操作使用代码表示如图 1-1-17 所示，MB1 代表鼠标左键，MB2 代表鼠标中键，MB3 代表鼠标右键。

右键（MB3）
中键（MB2）
左键（MB1）

图 1-1-17　三键滚轮鼠标

三键滚轮鼠标的功能见表 1-1-1。

表 1-1-1　三键滚轮鼠标的功能

快捷键	功能	快捷键
左键（MB1）	用于选择菜单栏、快捷菜单、工具栏中的命令和模型对象	单击 MB1
	在列表框中选择连续的多项，取消已选择的某个图形	Shift+MB1
	选择或曲线选择列表中的多个非连续项	Ctrl+MB1
	对某个对象启动默认操作	双击 MB1
	放大或缩小	按 Ctrl+MB2 或 MB1+MB2 快捷键并拖动光标
中键（MB2）	平移	按 Shift+MB2 或 MB2+MB3 快捷键并拖动光标
	旋转	长按 MB2 并拖动光标，可实现模型的旋转
	确定	单击 MB2，相当于 Enter 键
	取消对话框	Alt+MB2
	弹出快捷菜单	单击 MB3
右键（MB3）	弹出推断式菜单	选择任意一个特征单击 MB3 并保持
	单击图形窗口中的任意位置，弹出视图菜单	Ctrl+MB3
	弹出悬浮式菜单	在绘图区空白处单击 MB3 并保持

（2）键盘快捷键及其作用。键盘作为输入设备，快捷键操作是键盘的主要功能之一。通过快捷键，设计者能够快速提高效率。在 UG NX 中，每个功能模块的每个命令都有其对应的键盘快捷键。表 1-1-2 所示为常用的快捷键。

表 1-1-2　常用的快捷键

快捷键	功能	快捷键	功能
Ctrl+N	新建文件	Ctrl+J	改变对象的显示操作
Ctrl+O	打开文件	Ctrl+T	几何变换
Ctrl+S	保存	Ctrl+D	删除
Ctrl+R	旋转视图	Ctrl+B	隐藏选定的几何体
Ctrl+F	满屏显示	Ctrl+Shift+B	颠倒显示和隐藏
Ctrl+Z	撤销	Ctrl+Shift+D	显示所有隐藏的几何体

快捷键	功能	快捷键	功能
Home	在正三轴测视图中定向几何体	Alt+Enter	标准显示与全屏显示之间切换
End	在正等轴测图中定向几何体	F1	查看关联的帮助
F4	查看信息窗口	F6	窗口缩放
F7	图形旋转	F8	定向于图形最接近的标准视图

4. 视图操作

在设计过程中，需要经常改变视角来观察模型，调整模型以线框图或着色图来显示。有时，也需要将多幅视图结合起来进行分析，因此，观察模型不仅与视图有关，也和模型的位置、大小有关。

（1）观察模型的方法。观察模型常用的方法有放大、缩小、平移、旋转等，可以通过单击图 1-1-18 所示"上边框条"中的按钮来实现。

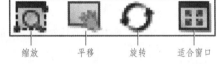

图 1-1-18 "上边框条"中观察模型的按钮

选项说明如下：

1）缩放：用于实时缩放视图，该命令可以通过按住鼠标中键拖动鼠标实现；将鼠标置于图形界面中，滚动鼠标滚轮就可以对视图进行缩放；按住鼠标滚轮的同时按 Ctrl 键并上下移动鼠标也可以对视图进行缩放。

2）平移：用于移动视图，该命令可以通过同时按下鼠标右键和中键并拖动鼠标实现，或者在按鼠标滚轮的同时按下 Shift 键，向各个方向移动鼠标也可以移动视图。

3）旋转：用于旋转视图，该命令可以通过按住鼠标中键不放并拖动鼠标实现。

4）适合窗口：用于拟合视图，即调整视图中心和比例，使整合部件拟合在视图的边界内。也可以通过按 Ctrl+F 快捷键实现。

（2）模型的着色显示。在【视图】选项卡中，单击【着色】下拉按钮，弹出视图着色下拉菜单，如图 1-1-19 所示，单击该下拉菜单中的命令按钮，绘图区中的模型则调整为相应的着色显示效果。各种常用的着色效果图如图 1-1-20 所示。

图 1-1-19 视图着色
下拉菜单

（3）模型的视图显示。在【视图】选项卡中，单击【视图显示】按钮，绘图区中的模型则显示为图 1-1-21 所示相应的视图显示。

带边着色

着色

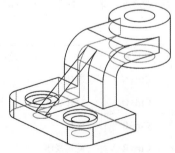

带有淡化边的线框

图 1-1-20 各种显示状态的效果图

带有隐藏边的线框　　　　　　静态线框　　　　　　　　艺术外观

图 1-1-20　各种显示状态的效果图（续）

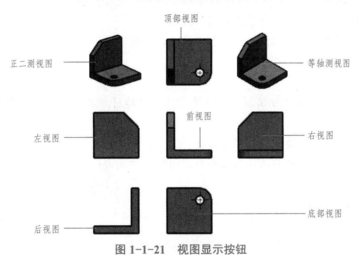

图 1-1-21　视图显示按钮

　　利用其中的【俯视图】【前视图】【仰视图】【左视图】【右视图】命令可以分别得到 5 个基本视图方向的视觉效果，如图 1-1-22 所示。

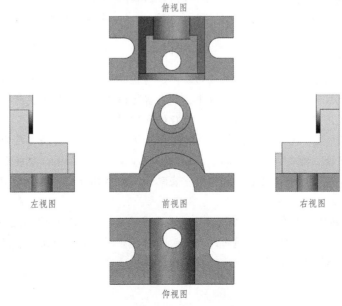

图 1-1-22　5 个基本视图方向的视觉效果

项目 2　自动排线装置的模型设计

【知识目标】

1. 理解草图与特征之间的关系；
2. 熟练掌握草图绘制、特征生成、装配和工程图命令；
3. 了解自顶向下和自底向上的设计方法和建模一般过程；
4. 了解标准件库的作用，并掌握引用的方法；
5. 理解模型参数化设计的意义，掌握变量设定的方法。

【能力目标】

1. 能够使用命令设计多方位拉伸特征类零件、回转特征类零件、螺旋特征类零件、曲面特征类零件；
2. 能够遵照国家标准绘制生产用工程图；
3. 具备设计复合特征产品及成套设备并制图的初步能力；
4. 能够设计初级创新性产品。

【素质目标】

1. 培养具有热爱祖国、热爱共产主义事业的民族自信心和自豪感，自觉践行社会主义核心价值观；
2. 培养团结协作、爱岗敬业的职业精神，遵纪守法、诚实守信，培育责任意识；
3. 培养精益求精、勇于创新、百折不挠的工匠精神；
4. 培养创新思维和精神，关注新兴领域和前沿技术，丰富知识体系。

【项目描述】

自动排线前打轮是一种实用的钓鱼辅助工具，通过其快速放线、自阻收线和锁止功能，能够提高钓鱼的便捷性和效率。在使用过程中，钓鱼者可以根据不同情况灵活操作，合理利用自动排线前打轮装置，使钓线的放线和收线更为顺畅和控制有序。

自动排线装置（图 2-0-1）含有常见机械元素，包括拉伸体、旋转体及曲面特征；也有标准件的引用，如螺栓、螺钉、螺母、轴承、垫片，还涉及齿轮、弹簧、棘轮和棘爪等构件，内涵丰富，适合机械类学生针对 UG NX 建模、装配和工程制图制作相关模块的学习（基础级），也能加强机械设计及创新能力。

对应 UG NX 功能及命令：草图绘制（点、线、桥接曲线、镜像曲线、尺寸、几何约束等）、拉伸、旋转、孔、扫掠、管道、空间曲线、曲面特征、布尔运算、重用库、修剪体、拔模、偏置面、阵列特征、阵列几何特征、螺纹及圆角和倒角等。

图 2-0-1 自动排线装置组成零件

任务 2.1 棘爪的模型构建

【任务描述】

棘爪是自动排线前打轮装置的组成部分之一，其结构简单，通过棘爪模型设计的学习，掌握草绘轮廓、草图绘制命令、草图编辑命令、草图约束命令、尺寸约束命令及几何约束命令等。如图 2-1-1 所示为棘爪零件图。

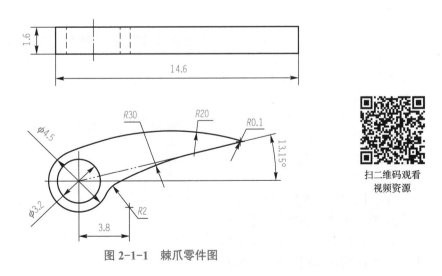

扫二维码观看
视频资源

图 2-1-1 棘爪零件图

【任务分析】

通过对图纸的基本分析可知，该草图主要是由圆和圆弧构成。通过绘制大致轮廓曲线，以及几何约束和尺寸约束，完成棘爪的草图绘制。其造型方案设计见表 2-1-1。

表 2-1-1 棘爪零件造型方案设计

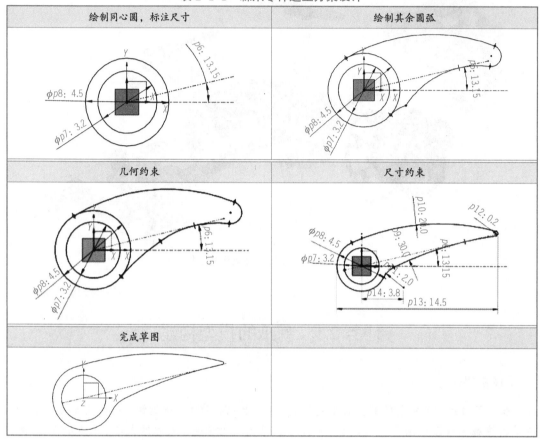

绘制同心圆，标注尺寸	绘制其余圆弧
几何约束	尺寸约束
完成草图	

【任务实施】

1. 进入建模环境

双击 UG NX 图标启动程序，执行菜单栏【文件】→【新建】命令，在弹出的【新建】对话框【模型】选项卡中选择【模型】，如图 2-1-2 所示，输入文件名【棘爪】，单击【确定】按钮，进入建模模块。

2. 创建草图

单击【直接草图】工具栏【草图】按钮 ，弹出【创建草图】对话框，如图 2-1-3 所示，选择【平面方法】为【现有平面】，单击鼠标左键选择 X-Y 平面作为草图平面，如图 2-1-4 所示，单击【确定】按钮，进入草图。

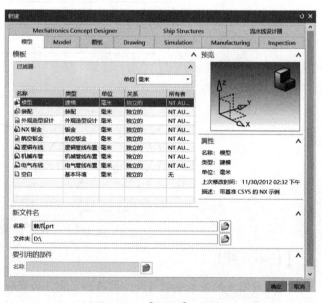

图 2-1-2 【新建】对话框

图 2-1-3 【创建草图】对话框

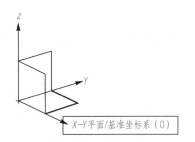

图 2-1-4　X-Y平面

单击【直接草图】工具栏中的【直线】按钮，输入一条直线，如图 2-1-5 所示，先单击鼠标左键选中直线，再单击【转换为参考】按钮，将其转换为一条参考线，并标注角度尺寸，如图 2-1-6 所示。

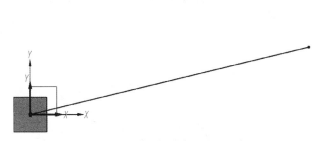

图 2-1-5　直线输入

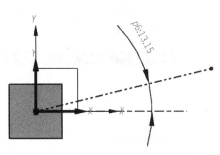

图 2-1-6　将直线转换为辅助线

单击【圆】按钮○，绘制两个同心圆，如图 2-1-7 所示，单击【快速尺寸】按钮，弹出【快速尺寸】对话框，选择【直径】的标注方式，如图 2-1-8 所示。标注两个同心圆的直径尺寸，确定草图大概尺寸，标注结果如图 2-1-9 所示。

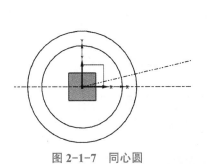

图 2-1-7　同心圆

图 2-1-8　【快速尺寸】对话框

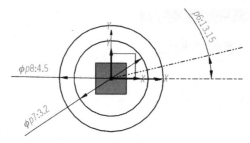

图 2-1-9　同心圆标注

单击【圆弧】按钮 ，绘制草图大概形状，如图 2-1-10 所示。

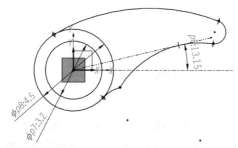

图 2-1-10　绘制大概形状

单击【几何约束】按钮 ，弹出【几何约束】对话框，选择【相切约束】，如图 2-1-11 所示，约束圆弧之间的相切关系，如图 2-1-12 所示。

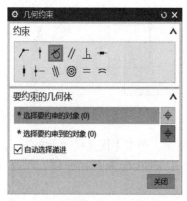

图 2-1-11　【几何约束】对话框

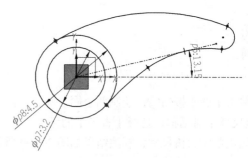

图 2-1-12　约束相切圆弧

单击【快速修剪】按钮 ，单击鼠标左键选择多余圆弧部分，修剪圆弧，如图 2-1-13 所示。

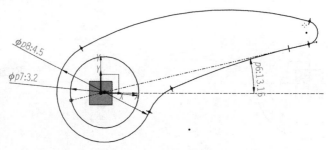

图 2-1-13　剪切多余圆弧

单击【径向尺寸】按钮，标注草图中的圆弧尺寸，如图 2-1-14 所示，单击【线性尺寸】按钮，标注水平尺寸，如图 2-1-15 所示。

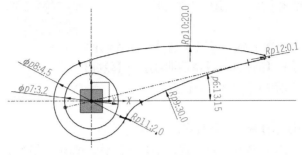

图 2-1-14　圆弧标注

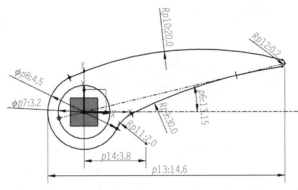

图 2-1-15　水平标注

单击【完成草图】按钮，完成草图绘制，退出草图环境，如图 2-1-16 所示。

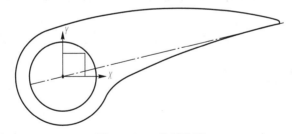

图 2-1-16　棘爪草图

【相关知识】

"草图"是 UG NX 建模中建立参数化模型的一个重要工具。一般情况下，用户的三维设计应该从草图设计开始，通过 UG NX 中提供的草图功能创建各种基本曲线，对曲线进行几何约束和尺寸约束，然后对二维草图进行拉伸、旋转或扫掠，就可以很方便地生成三维实体。

1. 创建草图的一般步骤

（1）进入草图界面。执行菜单栏【插入】→【在任务环境中绘制草图】命令，进入草图工作界面。

（2）设置草图平面。利用【草图】对话框指定草图平面。指定草图平面后，系统将自动转到草图的附着平面。

（3）建立草图对象。

（4）添加约束条件，包括几何约束和尺寸约束。

（5）单击【完成草图】按钮，退出草图环境。

2. 草图的绘制

（1）轮廓。使用【轮廓】命令可以绘制单一或连续的直线和圆弧。执行菜单栏【插入】→【草图曲线】→【轮廓】命令，弹出图 2-1-17 所示的【轮廓】对话框。

图 2-1-17 【轮廓】对话框

对象类型：

1）直线：在视图区选择两点绘制直线。

2）圆弧：首先在视图区选择一点，输入半径，然后在视图区选择另一点，或者根据相应约束和扫描角度绘制圆弧。当从直线连接圆弧时，将创建一个两点圆弧。如果在线串模式下绘制的第一个是圆弧，则可以创建一个三点圆弧。

输入模式：

1）坐标模式：使用 X 和坐标值创建曲线点。

2）参数模式：使用与直线或圆弧曲线类型对象的参数创建曲线点。

（2）直线。执行菜单栏【插入】→【草图曲线】→【直线】命令，弹出图 2-1-18 所示的【直线】对话框。

输入模式：

1）坐标模式：使用 xc 和 yc 坐标值创建直线的起点和终点。

图 2-1-18 【直线】对话框

2）参数模式：使用长度和角度参数创建直线的起点和终点。

（3）圆/圆弧。执行菜单栏【插入】→【草图曲线】→【圆】命令，弹出图 2-1-19 所示的【圆】对话框。

绘制圆分为【圆心和直径定圆】及【三点定圆】两种方式，分别如图 2-1-20 和图 2-1-21 所示。

图 2-1-19 【圆】对话框

图 2-1-20 圆心和直径定圆

图 2-1-21 三点定圆

执行菜单栏【插入】→【草图曲线】→【圆弧】命令，弹出图 2-1-22 所示的【圆弧】对话框，有【三点定圆弧】和【中心和端点定圆弧】两种绘制圆弧的方法，分别如图 2-1-23 和图 2-1-24 所示。

图 2-1-22 【圆弧】对话框

图 2-1-23 三点定圆弧

图 2-1-24 中心和端点定圆弧

3. 草图约束与定位

草图绘制功能提供了两种约束：一种是尺寸约束，它可以精确地确定曲线的长度、角度、半径或直径等尺寸参数；另一种是几何约束，它可以精确确定曲线之间的相互位置，如同心、相切、垂直或平行等几何参数。

（1）尺寸约束。在【主页】选项卡中，UG NX 提供了 5 种尺寸约束类型，执行菜单栏【插入】→【草图约束】→【尺寸】命令，如图 2-1-25 所示。

1）【快速尺寸】：执行该命令，弹出图 2-1-26 所示的【快速尺寸】对话框。在【方法】下拉列表中，共有 9 种尺寸约束类型。使用【快速尺寸】命令可标注绝大多数尺寸。

2）【线性尺寸】：执行该命令，弹出图 2-1-27 所示的【线性尺寸】对话框，【线性尺寸】用于约束两对象或两点之间的距离。

3）【径向尺寸】：用来标注圆或者圆弧的尺寸大小。

4）【角度尺寸】：用来创建两直线之间的角度约束。

5）【周长约束】：用来创建直线或圆弧的周长约束。

图 2-1-25 尺寸下拉菜单　　图 2-1-26 【快速尺寸】对话框　　图 2-1-27 【线性尺寸】对话框

（2）几何约束。几何约束用来确定草图对象之间的相互关系，如平行、垂直、同心、共线、水平、竖直、相切、等长度、等半径、点在曲线上等。执行菜单栏【插入】→【草图约束】→【几何约束】命令，弹出图 2-1-28 所示的【几何约束】对话框。

1）【水平】【竖直】：这两个类型分别约束直线为水平直线和竖直直线。

2）【平行】【垂直】：这两个类型分别约束两条直线相互平行和相互垂直。

图 2-1-28 【几何约束】对话框

3）【共线】：约束两个直线或多条直线在同一条直线上。

4）【同心】：约束两个或多个圆弧的圆心在同一点上。

5）【相切】：约束两个几何体相切。

6）【等长度】【等半径】：等长度几何约束两条直线或多条直线等长。等半径几何约束两个圆弧或多个圆弧等半径。

7）【点在曲线上】：约束一个或多个点在某条线上。

（3）修改图形。

1）快速修剪：快速修剪用于修剪草图对象中由交点确定的最小单位的曲线。可以通过单击鼠标左键并进行拖动来修剪多条曲线，也可以通过将光标移到要修剪的曲线上来预览将要修剪的曲线部分。

2）快速延伸：快速延伸可以将曲线延伸到它与另一条曲线的实际交点或虚拟交点处。

【素养提升】

拼图

拼图（图 2-1-29）是一种需要耐心和细心的活动，每一块小碎片都有其特定的位置，只有将它们正确地拼在一起，才能完成一幅完整的画面。正如在学习和工作中的团结协作，每个人都有自己的职责和任务，只有大家齐心协力，才能完成一个大的项目或任务。在拼图的过程中，需要仔细观察每一块碎片的形状和颜色，思考应该将它放在哪个位置，在做决策时需要仔细考虑各种因素，做出最合适的选择。同时，也需要有耐心，因为

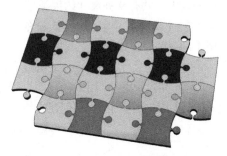

图 2-1-29　拼图

拼图不是一蹴而就的事情，需要花费时间和精力，在面对困难和挑战时，需要有坚持到底的决心和毅力。拼图也是一种团队合作的活动，每个人都需要参与其中，共同完成任务。在团队中，需要相互配合，相互支持，才能达到最好的效果。在这个过程中，学习如何与人沟通，如何协调关系，如何解决问题，这对于我们的人生和职业发展都是非常有帮助的。

拼图的模型设计主要运用了草图编辑、草图约束、尺寸约束和几何约束等命令。这些命令以草图的形式快速绘制出所需的形状，并通过约束命令来确保这些形状符合特定的设计要求。通过使用草图绘制命令，绘制出拼图各个组成块的形状，并根据需要进行进一步编辑和约束。

扫二维码查看
拼图操作步骤

【任务拓展】

完成开口挡圈的草图设计，如图 2-1-30 所示。

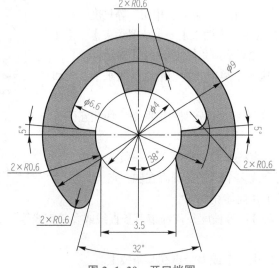

图 2-1-30　开口挡圈

（1）学习了哪些知识点？

（2）掌握了哪些新技能点？

（3）对于本次任务的完成情况是否满意？写出课后总结反思。

任务 2.2　防转片的模型构建

【任务描述】

防转片是自动排线前打轮装置的组成部分之一，通过防转片模型的学习，能够熟练使用草图工具绘制草图并进行编辑。如图 2-2-1 所示为防转片零件图。

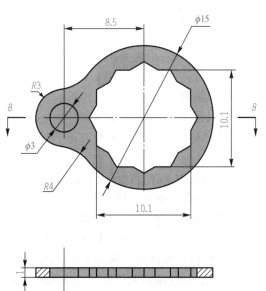

扫二维码观看
视频资源

图 2-2-1　防转片零件图

【任务分析】

通过对零件图纸的基本分析可知，该草图主要由圆、圆弧、五边形构成，通过绘制大致轮廓曲线，再通过修剪、圆形阵列、几何约束和尺寸约束等操作，完成防转片的草图绘制。其造型方案设计见表 2-2-1。

表 2-2-1　防转片零件造型方案设计

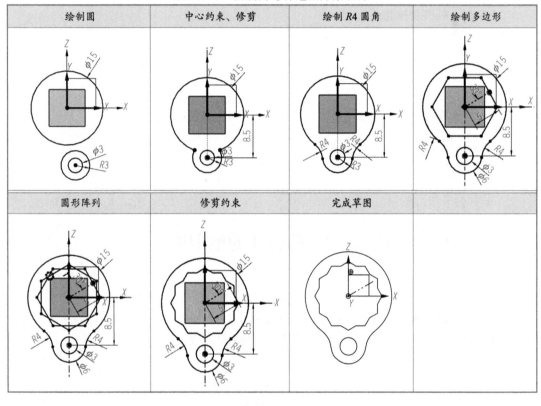

绘制圆	中心约束、修剪	绘制 R4 圆角	绘制多边形
圆形阵列	修剪约束	完成草图	

【任务实施】

（1）新建模型文件，命名为"防转片 .prt"。

（2）绘制草图。执行菜单栏【插入】→【在任务环境中绘制草图】命令，在弹出的【草图】对话框中选择【平面方法】为【现有平面】，单击鼠标左键选择 X-Z 平面作为草图平面，单击【确定】按钮，进入草图。

绘制 $\phi15$、$\phi3$ 和 R3 三个圆，$\phi3$ 和 R3 的两个圆为同心圆，如图 2-2-2 所示；单击【点在线上】几何约束，使 $\phi3$ 圆的圆心落在 Z 轴上，单击【快速尺寸】按钮标注垂直方向尺寸 8.5，如图 2-2-3 所示；单击【修剪】按钮修剪 $\phi3$ 和 $\phi15$ 的圆，如图 2-2-4 所示。

执行菜单栏【插入】→【草图曲线】→【圆角】命令，绘制图 2-2-5 所示的圆角，单击【几何约束】→【等半径约束】按钮，选择两个圆弧半径，约束两半径值相同。单击【草图约束】→【尺寸】→【快速】按钮，标注圆弧大小为 4，结果如图 2-2-5 所示。单击【多边形】按钮，弹出【多边形】对话框，【中心点】选取草图原点，其余参数按图 2-2-6 所示设置，绘制结果如图 2-2-7 所示。

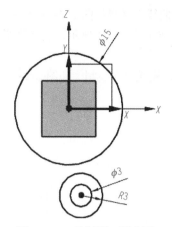

图 2-2-2　绘制圆、同心圆

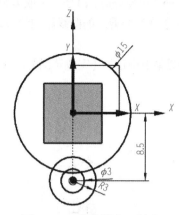

图 2-2-3　约束圆在 Z 轴上

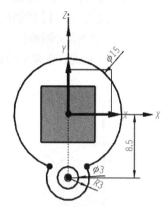

图 2-2-4　修剪圆

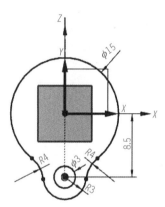

图 2-2-5　绘制圆角

图 2-2-6　【多边形】对话框

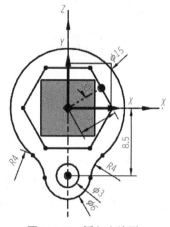

图 2-2-7　插入六边形

执行【插入】→【草图曲线】→【阵列曲线】命令，弹出【阵列曲线】对话框，如图 2-2-8 所示。【要阵列的曲线】选取图 2-2-7 中创建的六边形，【旋转点】选取草图原点，其他按图 2-2-8 所示设置，结果如图 2-2-9 所示。

图 2-2-8　【阵列曲线】对话框

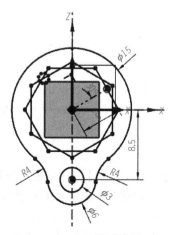

图 2-2-9　阵列曲线六边形

执行【编辑】→【草图曲线】→【快速修剪】命令，选取多余曲线，结果如图 2-2-10 所示。

通过【设为对称】【添加约束】等对修剪过的曲线添加约束，如图 2-2-11 所示，直到草图提示栏显示 **草图已完全约束** 。

单击鼠标右键，在弹出的快捷菜单中选择【完成草图】命令，完成草图绘制，如图 2-2-12 所示。

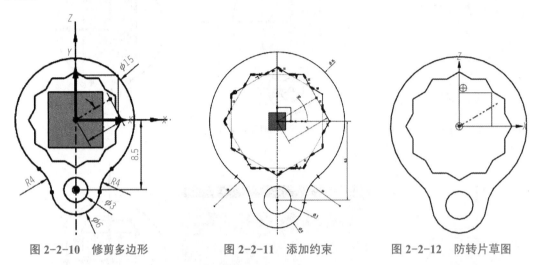

图 2-2-10　修剪多边形　　　图 2-2-11　添加约束　　　图 2-2-12　防转片草图

【相关知识】

1. 绘制矩形

执行菜单栏【插入】→【草图曲线】→【矩形】命令，弹出图 2-2-13 所示的【矩形】对话框，矩形绘制有三种形式，如图 2-2-14 所示。

图 2-2-13　【矩形】对话框

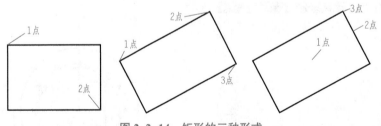

图 2-2-14　矩形的三种形式

2. 绘制多边形

执行菜单栏【插入】→【草图曲线】→【多边形】命令，弹出图 2-2-15 所示的【多边形】对话框，在该对话框中指定多边形中心点和边数，并设置和多边形关联圆的大小。

3. 镜像曲线

执行菜单栏【插入】→【草图曲线】→【镜像曲线】命令，弹出图 2-2-16 所示的【镜像曲线】对话框，在该对话框中指定一条或多条要镜像的曲线及镜像中心线。

4. 阵列曲线

将草图曲线进行阵列，执行菜单栏【插入】→【草图曲线】→【阵列曲线】命令，弹出图 2-2-17 所示的【阵列曲线】对话框，【布局】有三种类型。

图 2-2-15 【多边形】对话框

图 2-2-16 【镜像曲线】对话框

图 2-2-17 【阵列曲线】对话框

线性：使用一个或两个方向定义布局，如图 2-2-18 所示。

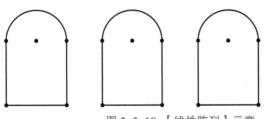

图 2-2-18 【线性阵列】示意

圆形：使用旋转点和可选径向间距参数定义布局，如图 2-2-19 所示。

常规：使用一个或多个目标点或坐标系定义的位置来定义布局，如图 2-2-20 所示。

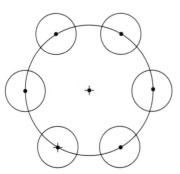

图 2-2-19 【圆形阵列】示意

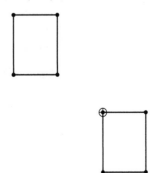

图 2-2-20 【常规阵列】示意

中国结

中国结（图 2-2-21）作为一种中国传统手工艺品，具有悠久的历史和深厚的文化内涵。中国结不仅是一种艺术品，更是一种表达爱国情怀和社会责任感的重要象征。中国结是由多根绳索编织而成，形状多为圆形或方形。具有精美的外观和独特的结构，常常采用红色、黄色等中国传统颜色进行装饰。中国结的形态多样，可以是简单的结，也可以是复杂的花结，每一种结都代表着特定的意义和寓意。

图 2-2-21　中国结

中国结作为一种具有浓厚传统文化内涵的艺术品，承载了丰富的爱国情怀。在我国传统文化中，红色象征着热情与繁荣，而中国结常用红色线绳编制而成，寓意着对祖国的热爱和祝福。中国结的结构和编织方式也体现了中国人民勤劳智慧、团结协作的精神，中国结的编织过程需要耐心和细致的态度，这种精神也体现了对工匠精神和品质的追求。

通过学习防转片的草图绘制，我们进一步学习了草图指令的要领，深入学习了阵列指令。要绘制中国结的草图，我们需要使用一些基本的绘图指令和技巧。可使用线条（line）、圆（circle）或样条曲线（spline）等基本绘图指令来绘制中国结的基本形状。对于对称重复的部分，如中国结的循环和耳翼，可以使用阵列（array）指令来复制和排列这些形状。实际操作时可能需要更多的细节处理和技术技巧，需要不断地练习和学习。

扫二维码查看中国结操作步骤

【任务拓展】

1. 如图 2-2-22 所示，完成 E 形扣环的草图设计。

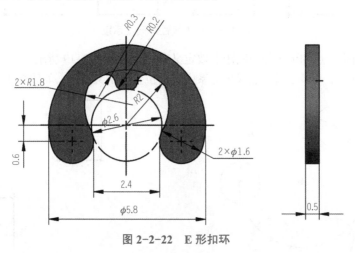

图 2-2-22　E 形扣环

2. 如图 2-2-23 所示，完成摇臂的草图设计。

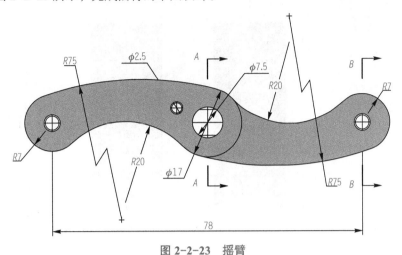

图 2-2-23 摇臂

【任务评价】

（1）学习了哪些新的知识点？

（2）掌握了哪些新技能点？

（3）对于本次任务的完成情况是否满意？写出课后总结反思。

任务 2.3 拨动柱的模型及工程图设计

【任务描述】

拨动柱（图 2-3-1）是装置的组成部分之一，其造型特性比较简单，可以用于体素建模，也可以使用拉伸实体建模。通过对拨动柱零件造型及工程图任务的实施，掌握基本体素——圆柱体、拉伸（布尔运算）、倒斜角等基本造型特征的创建方法，以及工程图中基本视图、尺寸标注（线性、直径、半径、角度）、文本注释等工具的用法，掌握三维建模的基本技巧。

扫二维码观看
视频资源

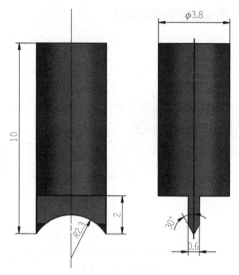

图 2-3-1　拨动柱零件图

【任务分析】

通过对零件图纸的分析，拨动柱造型比较简单，利用圆柱体、拉伸、倒斜角可实现零件的三维建模，具体造型方案设计见表 2-3-1。

表 2-3-1　拨动柱零件造型方案设计

生成体素特征——圆柱体	拉伸（求和）	倒斜角	拉伸（求差）
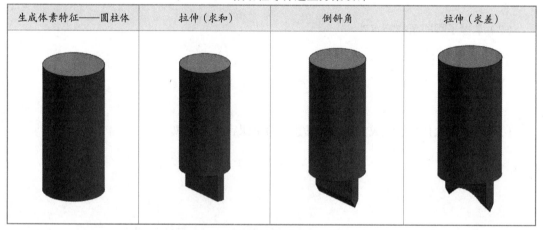			

【任务实施】

拨动柱的模型设计：

（1）新建模型文件，命名为"拨动柱 .prt"。

（2）执行菜单栏【插入】→【设计特征】→【圆柱】命令，弹出图 2-3-2 所示的【圆柱】对话框，输入【直径】为 3.8 mm，【高度】为 8 mm，选择矢量为【ZC】轴，【指定点】为【0，0，0】点，单击【确定】按钮，得到图 2-3-3 所示的圆柱。

图 2-3-2 【圆柱】对话框

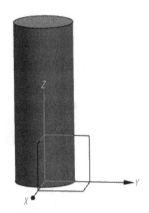

图 2-3-3 圆柱

（3）绘制草图。单击【直接草图】工具栏【草图】按钮，弹出【草图】对话框，选择【平面方法】为【现有平面】，单击鼠标左键选择 X-Y 平面作为草图平面，单击【确定】按钮，进入草图。绘制矩形，单击【几何约束】按钮，弹出图 2-3-4 所示的【几何约束】对话框，选择约束，选择长方形的宽边及原点将长方形中心对齐。单击【快速尺寸】按钮，标注宽为 0.6。继续绘制 $\phi3.8$ 圆，单击【快速修改】按钮，将多余线条去掉，结果如图 2-3-5 所示。

图 2-3-4 【几何约束】对话框

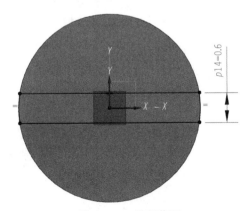

图 2-3-5 绘制草图

（4）拉伸实体（求和）。执行菜单栏【插入】→【设计特征】→【拉伸】命令，弹出图 2-3-6 所示的【拉伸】对话框，选择图 2-3-5 所示草图作为截面，方向为【 $-ZC$ 】轴，【开始】选项选择【值】，【距离】输入【0】；【结束】选项选择【值】，【距离】输入【2】，【布尔】选择【合并】，结果如图 2-3-7 所示。

图 2-3-6 【拉伸】对话框

图 2-3-7 拉伸实体

（5）倒斜角。执行菜单栏【插入】→【细节特征】→【倒斜角】命令，弹出【倒斜角】对话框，在其中设置各项参数，如图 2-3-8 所示，选择图 2-3-9 所示的边，按同样方法选择另一侧的边，结果如图 2-3-10 所示。

图 2-3-8 【倒斜角】对话框

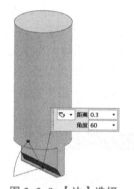

图 2-3-9 【边】选择

图 2-3-10 实体倒斜角

（6）拉伸实体（求差）。单击【草图】按钮，选择 X-Z 平面作为草图平面，单击【确定】按钮，进入草图。单击【圆弧】按钮，绘制圆弧，标注尺寸为 R2.3。单击【几何约束】按钮，选择【点在曲线上】，将圆心约束到 Y 轴上，绘制图 2-3-11 所示的草图。

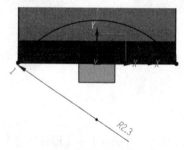

图 2-3-11 草图

执行菜单栏【插入】→【设计特征】→【拉伸】命令，弹出【拉伸】对话框，选择刚才绘制的草图作为截面，方向为【YC】轴，其余参数按图 2-3-12 所示设置，结果如图 2-3-13 所示。

图 2-3-12 【拉伸】对话框

图 2-3-13 拨动柱模型

（7）保存，完成。

（8）执行【新建】命令，弹出图 2-3-14 所示的【新建】对话框，选择【图纸】选项卡，选择 A4 图纸，输入名称【拨动柱】，单击【确定】按钮，进入制图环境。

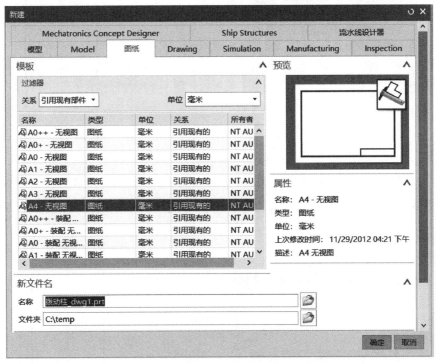

图 2-3-14 【新建】对话框

（9）创建基本视图。执行菜单栏【插入】→【视图】→【基本】命令，弹出图 2-3-15 所示的【基本视图】对话框，设置【模型视图】为【前视图】，【比例】为【10∶1】，放置前视图在合适位置，结果如图 2-3-16 所示，用鼠标继续向右拖动，可以直接放置左视图，结果如图 2-3-17 所示。

图 2-3-15 【基本视图】对话框

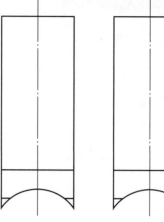

图 2-3-16 前视图

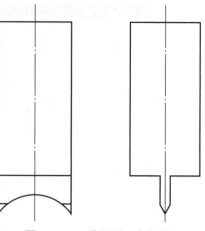

图 2-3-17 前视图、左视图

（10）尺寸标注。执行菜单栏【插入】→【尺寸】→【快速】命令，弹出图 2-3-18 所示的【快速尺寸】对话框，选择前视图垂直方向两个点，标注垂直方向尺寸，结果如图 2-3-19 所示。

图 2-3-18 【快速尺寸】对话框

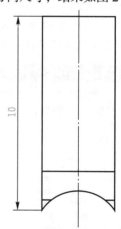

图 2-3-19 垂直尺寸标注

在【快速尺寸】对话框中，设置【方法】为【径向】，如图 2-3-20 所示，选择前视图中的圆弧边，标注圆弧尺寸，结果如图 2-3-21 所示。

图 2-3-20 设置【方法】为【径向】

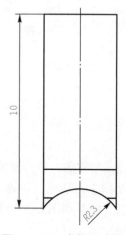

图 2-3-21 半径尺寸标注

在【快速尺寸】对话框中，设置【方法】为【圆柱坐标系】，如图 2-3-22 所示，选择左视图中的水平边，标注圆柱尺寸，结果如图 2-3-23 所示。

图 2-3-22　设置【方法】为【圆柱坐标系】

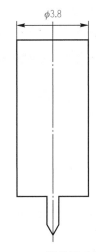

图 2-3-23　圆柱尺寸标注

在【快速尺寸】对话框中，设置【方法】为【斜角】，如图 2-3-24 所示，选择角度边，结果如图 2-3-25 所示。

图 2-3-24　设置【方法】为【斜角】

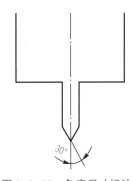

图 2-3-25　角度尺寸标注

在【快速尺寸】对话框中，设置【方法】为【水平】，如图 2-3-26 所示，选择角度边，结果如图 2-3-27 所示。

图 2-3-26　设置【方法】为【水平】

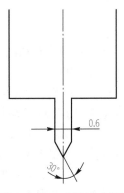

图 2-3-27　水平尺寸标注

（11）标题栏填写。执行【格式】→【图层设置】命令，弹出图 2-3-28 所示的【图层设置】对话框，勾选【170】层，单击【图纸名称】文本框，输入【图纸名称】为【拨动柱】。单击【拨动柱】，将字体变为高亮，单击【编辑】→【设置】按钮，弹出图 2-3-29 所示的【设置】对话框，设置【字体高度】为【8】，【字体】为【仿宋】。

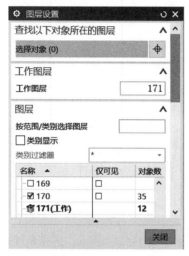

图 2-3-28 【图层设置】对话框

图 2-3-29 【设置】对话框

单击【比例】文本框，输入【比例】为【10∶1】。单击【10∶1】，将字体变为高亮，设置【字体高度】为【3.5】；单击【单位名称】文本框，输入【单位名称】为【山西机电职业技术学院】，设置【字体高度】为【5】，结果如图 2-3-30 所示。

标记	处数	更改文件号		签字	日期	拨动柱		图样标记		质量	比例
											10∶1
设计								共 页		第 页	
校对											
审核						山西机电职业技术学院					
批准											

图 2-3-30 标题栏

【相关知识】

1. 体素特征

在零件建模时，通常在初期建立一个体素作为基本形状，UG NX 的基本体素有长方体、圆柱体、圆锥和球体等。

（1）圆柱体。执行菜单栏【插入】→【设计特征】→【圆柱】命令，弹出【圆柱】对话框，在该对话框的【类型】下拉列表中有以下两种创建圆柱的方式。

1）【轴、直径和高度】方式。设置圆柱体的矢量方向，指定圆柱体的底面中心位置，设置直径和圆柱高度值，如图 2-3-31 所示。

2）【圆弧和高度】方式。选取圆弧曲线，该圆弧所在的圆作为圆柱的底面圆，圆弧直径作为圆柱直径，设置圆柱高度值，如图 2-3-32 所示。

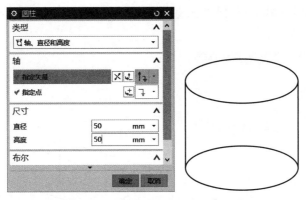

图 2-3-31 【轴、直径和高度】方式

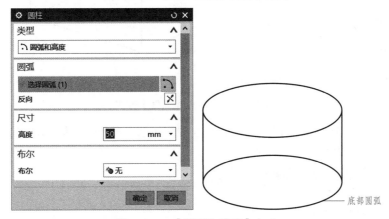

图 2-3-32 【圆弧和高度】方式

（2）长方体。执行菜单栏【插入】→【设计特征】→【长方体】命令，弹出【块】对话框，在该对话框的【类型】下拉列表中列出了以下三种创建长方体的方式。

1）【原点和边长】方式。利用点方式选项在视图区创建一点，在长度、宽度和高度文本框中输入具体数值，如图 2-3-33 所示。

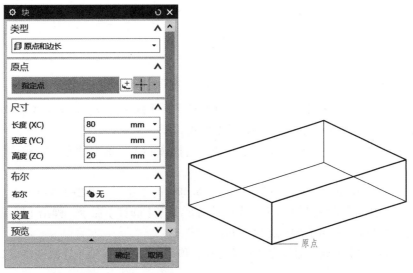

图 2-3-33 【原点和边长】方式

2)【两点和高度】方式。利用点方式选项在视图区创建两个点，在高度文本框中输入高度值，如图 2-3-34 所示。

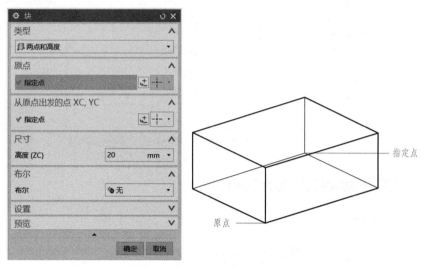

图 2-3-34 【两点和高度】方式

3)【两个对角点】方式。利用点方式选项在视图区创建两个点作为长方体的对角点，单击【确定】按钮，生成长方体，如图 2-3-35 所示。

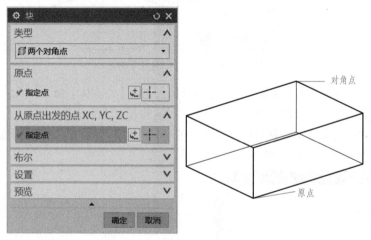

图 2-3-35 【两个对角点】方式

（3）球体。执行菜单栏【插入】→【设计特征】→【球】命令，弹出【球】对话框，该对话框的【类型】下拉列表中包括以下两种类型方式。

1)【中心点和直径】方式。输入球直径，选择圆心点，确定球心，完成球的创建，如图 2-3-36 所示。

2)【圆弧】方式。选择一段已有的圆弧，完成球体的创建，如图 2-3-37 所示。

（4）圆锥。执行菜单栏【插入】→【设计特征】→【圆锥】命令，弹出【圆锥】对话框，该对话框的【类型】下拉列表中包括以下五种方式。

1)【直径和高度】方式。通过定义底部直径、顶部直径和高度值生成圆锥体，如图 2-3-38 所示。

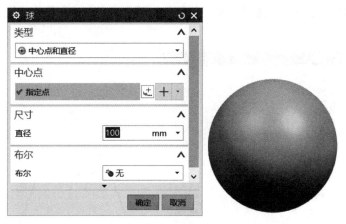

图 2-3-36 【中心点和直径】方式

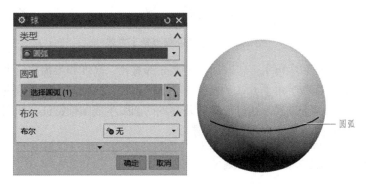

图 2-3-37 【圆弧】方式

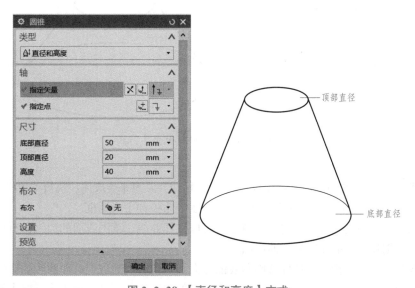

图 2-3-38 【直径和高度】方式

2）【直径和半角】方式。通过定义底部直径、顶部直径和半角值生成圆锥，如图2-3-39所示。

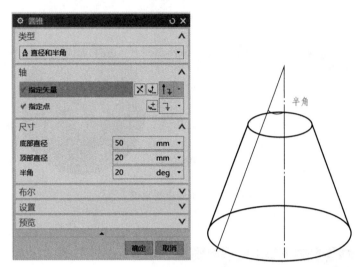

图2-3-39 【直径和半角】方式

3）【底部直径、高度和半角】方式。通过定义底部直径、高度和半顶角值生成圆锥。

4）【顶部直径、高度和半角】方式。通过定义顶部直径、高度和半顶角值生成圆锥。

5）【两个共轴的圆弧】方式。通过选择两条共轴的圆弧生成圆锥特征，如图2-3-40所示。

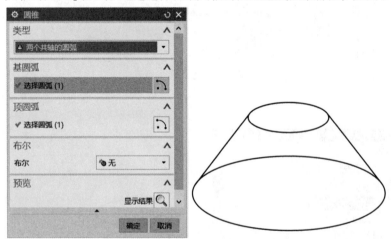

图2-3-40 【两个共轴的圆弧】方式

2．拉伸

拉伸特征是通过指定方向上将截面曲线扫掠一段线性距离来生成体。执行菜单栏【插入】→【设计特征】→【拉伸】命令，弹出图2-3-41所示的【拉伸】对话框。

（1）截面。截面是指要拉伸的曲线或边，可以选择曲线、草图或面的边缘进行拉伸，也可以进入草图，创建草图截面作为拉伸截面。

（2）方向。方向为指定要拉伸截面曲线的方向。默认方向为选定截面曲线的法线方向，可以通过【矢量构造器】和【自动判断】类型列表中的方法构造矢量。单击【反向】按钮或双击矢量方向箭头，可以改变方向。

（3）限制。限制为定义拉伸特征的整体构造方法和拉伸范围。

1)【值】：指定拉伸起始或结束的值，如图 2-3-42 所示。

2)【对称值】：开始的限制距离与结束的限制距离相同，如图 2-3-43 所示。

图 2-3-41　【拉伸】对话框

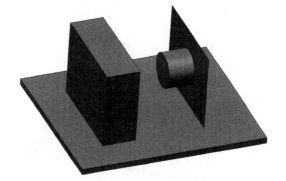

图 2-3-42　开始条件为【值】

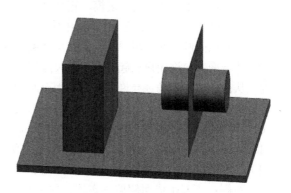

图 2-3-43　开始条件为【对称值】

3)【直至下一个】：将拉伸特征沿路径延伸到下一个实体表面，如图 2-3-44 所示。

4)【直至选定】：将拉伸特征沿路径延伸到用户选定的实体表面，如图 2-3-45 所示。

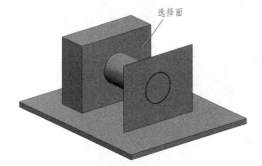

图 2-3-44　开始条件为【直至下一个】

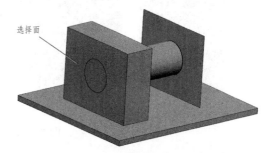

图 2-3-45　开始条件为【直至选定】

5)【直至延伸部分】：截面在拉伸方向超出被选择对象时，将其拉伸到被选择对象延伸位置为止，如图2-3-46所示。

6)【贯通】：沿指定方向的路径延伸拉伸特征，使其完全贯通所有的可选体，如图2-3-47所示。

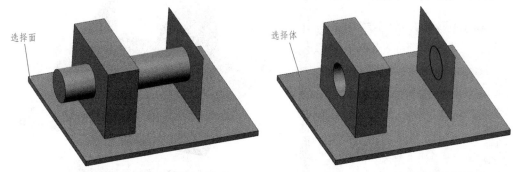

图2-3-46　开始条件为【直至延伸部分】　　　图2-3-47　开始条件为【贯通】

（4）布尔。用于指定生成的几何体与其他对象的布尔运算，包括无、相交、合并、减去和自动判断集中方式。

（5）拔模。用于对面进行拔模。正角使得特征的侧面向内拔模（朝向选中曲线的中心），负角使得特征的侧面向外拔模（背离选中曲线的中心）。

1）从起始限制：允许用户从起始点至结束点创建拔模。

2）从截面：允许用户从起始点至结束点创建锥角与截面对齐。

3）从截面–对称角：允许用户沿截面至起始点和结束点创建对称锥角。

4）从截面匹配的终止角：允许用户沿轮廓线至起始点和结束点创建锥角。

（6）偏置。设置拉伸对象在垂直于拉伸方向上的延伸。

1）无：不创建如何偏置，如图2-3-48（a）所示。

2）单侧：用于生成单侧偏置实体，如图2-3-48（b）所示，单侧设置为3。

3）两侧：用于生成两侧偏置实体，如图2-3-48（c）所示，设置【开始】为–5，【结束】为2。

4）对称：用于生成对称偏置实体，如图2-3-48（d）所示，设置【结束】为2。

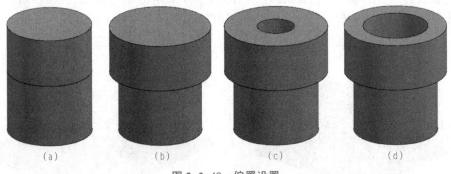

（a）　　　　　　（b）　　　　　　（c）　　　　　　（d）

图2-3-48　偏置设置

3. 倒斜角

用于在已存在的实体上沿指定的边缘做倒角操作。执行菜单栏【插入】→【细节特征】→【倒斜角】命令，弹出图2-3-49所示的【倒斜角】对话框。

图2-3-49 【倒斜角】对话框

（1）偏置。

1）对称：用于倒角边邻接的两个面采用同一个偏置方式来创建简单的倒角，如图2-3-50（a）所示。

2）非对称：用于倒角边邻接的两个面分别采用不同的偏置值来创建倒角，如图2-3-50（b）所示。

3）偏置和角度：用于由一个偏置值和一个角度来创建倒角，如图2-3-50（c）所示。

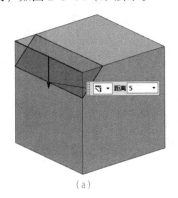
（a）

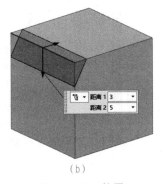
（b）

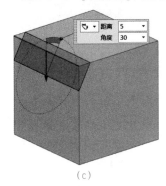
（c）

图2-3-50 偏置
（a）对称；（b）非对称；（c）偏置和角度

（2）设置。

1）沿面偏置边：通过沿所选边的邻近面测量偏置距离值，定义新倒斜角面的边。

2）偏置面并修剪：通过偏置相邻面，以及将偏置面的相交处垂直投影到原始面，定义新斜角面的边。

4. 创建图纸

在UG NX中，任何一个三维模型，都可以通过不同的投影方法、不同的图样尺寸和不同的比例创建灵活多样的二维工程图。执行菜单栏【插入】→【图纸页】命令，弹出图2-3-51所示的【图纸页】对话框。

（1）图纸页名称：设置默认的图纸页名称。

（2）大小：指定图纸的尺寸规格。

（3）比例：设置工程图中各类视图的比例大小。

（4）投影：设置视图的投影角度方式。

5. 创建视图

基本视图包括前视图、后视图、左视图、右视图、俯视图、仰视图、正等测图和正三轴测图。执行菜单栏【插入】→【视图】→【基本】命令，弹出图2-3-52所示的【基本视图】对话框。

（1）部件：选择部件创建视图。

（2）视图原点：确定原点的位置。

（3）模型视图：选择基本视图创建主视图。

（4）要使用的模型视图：从下拉列表可以选择一个基本视图。

（5）定向视图工具：放置视图之前预览方位。

（6）比例：用于设置视图缩放比例。

图 2-3-51 【图纸页】对话框

图 2-3-52 【基本视图】对话框

6．尺寸标注

【尺寸标注】用于表达实体模型尺寸值的大小。执行菜单栏【插入】→【尺寸】命令，弹出图 2-3-53 所示的【尺寸】下拉菜单。

（1）选择【快速】命令，弹出图 2-3-54 所示的【快速尺寸】对话框。

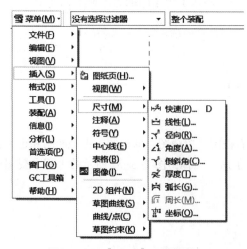

图 2-3-53 【尺寸】下拉菜单

图 2-3-54 【快速尺寸】对话框

1）自动判断：根据鼠标光标位置或选择对象，自动判断生成相应的尺寸类型。

2）水平：指定与约束两点间距离且与 XC 轴平行的尺寸，如图 2-3-55 所示。

3）竖直：指定与约束两点间距离且与 YC 轴平行的尺寸，如图 2-3-56 所示。

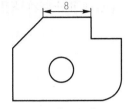

图 2-3-55 【水平】尺寸标注

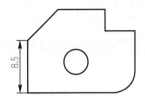

图 2-3-56 【竖直】尺寸标注

4）点到点：指定与约束两点间的距离，如图 2-3-57 所示。

5）垂直：标注点到直线之间的垂直距离，如图 2-3-58 所示。

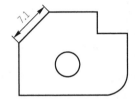

图 2-3-57 【点到点】尺寸标注

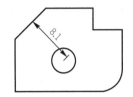

图 2-3-58 【垂直】尺寸标注

（2）线性。

1）圆柱式：所选两对象或点直径的距离建立圆柱的尺寸标注，如图 2-3-59 所示。

2）孔标注：用于标注视图中孔的尺寸。

（3）径向：用于标注圆或圆弧的半径或直径尺寸。

1）直径：用于标注视图中的圆弧或圆的直径，如图 2-3-60 所示。

2）径向：用于建立径向尺寸标注，如图 2-3-61 所示。

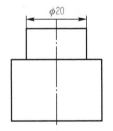

图 2-3-59 【圆柱式】尺寸标注

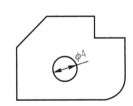

图 2-3-60 【直径】尺寸标注

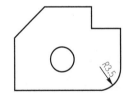

图 2-3-61 【径向】尺寸标注

（4）角度：用于标注两条非平行直线之间的角度，如图 2-3-62 所示。

（5）倒斜角：用于标注 45° 倒角尺寸，如图 2-3-63 所示。

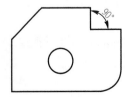

图 2-3-62 【角度】尺寸标注

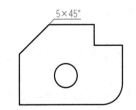

图 2-3-63 【倒斜角】尺寸标注

7．注释文本

注释文本可用于技术要求，如工件的热处理要求、装配要求等。执行菜单栏【插入】→【注释】→【注释】命令，弹出图 2-3-64 所示的【注释】对话框。

（1）【指引线】区域：用于定义指引线的类型和样式，包含【普通】【全圆符号】【标志】【基准】【以圆点终止】等类型，如图 2-3-65 所示。

图 2-3-64 【注释】对话框

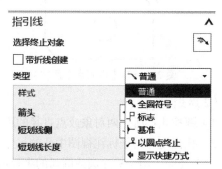

图 2-3-65 【指引线】区域

（2）【编辑文本】区域：包括清除、剪切、粘贴和复制文本等功能，如图 2-3-66 所示。

（3）【格式设置】区域：定义文本字体、文本比例因子和文本格式等，如图 2-3-67 所示。

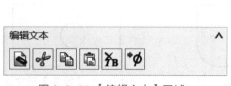

图 2-3-66 【编辑文本】区域

图 2-3-67 【格式设置】区域

（4）【符号】区域：提供了【制图】【形位公差】【分数】【定制符号】【用户定义】【关系】几个类型符号。

1）【制图】选项：显示制图符号，单击【符号】按钮即可添加输入文本区域，如图 2-3-68 所示。

2）【形位公差】选项：显示形位公差符号，单击即可添加相应符号代码到输入区，如图 2-3-69 所示。

3）【分数】选项：显示分数符号，如图 2-3-70 所示。

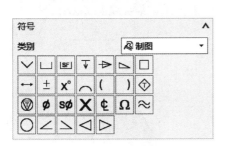

图 2-3-68 【制图】选项

图 2-3-69 【形位公差】选项

图 2-3-70 【分数】选项

【素养提升】

焊缝检验尺

焊缝检验尺（图 2-3-71）是一种焊工专用的量具，主要由主尺、滑尺、斜形尺三个零件组成，用于测量焊接件的坡口角度、焊缝宽度、高度及焊接间隙。焊缝检验尺作为焊工专用的量具，其精确性对于保证焊接质量至关重要。

绘制焊缝检验尺的三维模型，主要使用拉伸命令。在焊缝检验尺三维模型的绘制过程中，深入研究焊缝检验尺的每个细节，从主尺、滑尺、斜形尺等各个组成部分到整体的结构设计，都需要进行精确的建模，确保每个细节都达到最高的精准度。尝试新的设计理念和新的建模手段，对焊缝检验尺进行改进和优化，提高其实用性和美观性。结合实际需求，对焊缝检验尺进行功能拓展，增加新的测量项目和功能，以满足不同场景下的使用需求。

图 2-3-71 焊缝检验尺

【任务拓展】

1. 如图 2-3-72 所示，完成衬套的三维模型及工程图设计。
2. 如图 2-3-73 所示，完成盖形螺母的三维模型及工程图设计。

扫二维码下载
图纸

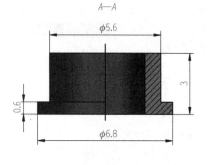

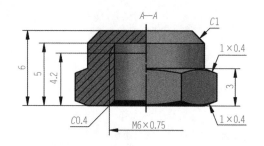

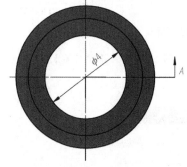

图 2-3-72　衬套零件图

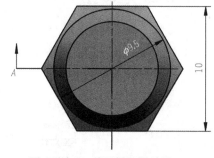

图 2-3-73　盖形螺母零件图

【任务评价】

（1）学习了哪些新的知识点？

（2）掌握了哪些新技能点？

（3）对于本次任务的完成情况是否满意？写出课后总结反思。

任务 2.4　卸力盘的模型及工程图设计

【任务描述】

通过对卸力盘零件（图 2-4-1）造型及工程图任务的实施，掌握拉伸、螺纹特征、边倒圆、倒斜角等基本造型特征的创建方法，以及工程图中基本视图（剖视图）、尺寸标注（线性、直径、半径、螺纹）、文本注释等工具的用法，掌握三维建模的基本技巧。卸力盘的造型方法对于其他同类零件的造型具有一定的借鉴作用。

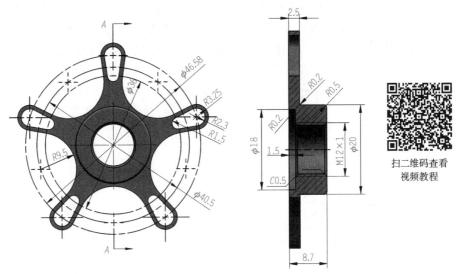

图 2-4-1　卸力盘零件图

【任务分析】

通过对零件图纸的分析，卸力盘造型，首先利用拉伸命令完成卸力盘主体部分，再利用圆柱体、沉头孔、螺纹命令完成剩余部分，具体造型方案设计见表 2-4-1。

表 2-4-1　卸力盘零件造型方案设计

绘制截面图	拉伸实体	体素求和	沉头孔
螺纹	完成实体建模		

【任务实施】

（1）新建模型文件，命名为"卸力盘.prt"。

（2）绘制草图。执行菜单栏【插入】→【在任务栏中绘制草图】命令，弹出【草图】对话框，将【平面方法】设置为【现有平面】，单击鼠标左键，选择 X-Y 平面作为草图平面，单击【确定】按钮，进入草图，首先绘制图 2-4-2 所示辅助线，然后单击【圆弧】按钮 、【圆】按钮 ○ 及【直线】按钮绘制大概图形，再单击【几何约束】按钮约束 R3.2、R2.3 为同心圆，R1.5 圆弧圆心约束至 Y 轴与 φ46.58 的辅助圆的交点处，R3.2 圆弧圆心约束至 Y 轴与 φ36 的辅助圆的交点处，R9.5 的圆弧圆心约束至 φ40.5 的辅助圆及与 Y 轴角度为 36° 的辅助线交点处，结果如图 2-4-3 所示。

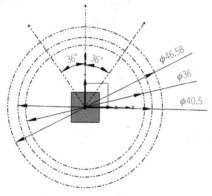

图 2-4-2 绘制辅助线

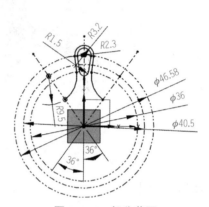

图 2-4-3 部分草图

执行菜单栏【插入】→【草图曲线】→【阵列曲线】命令，弹出【阵列曲线】对话框，如图 2-4-4 所示，选择图 2-4-2 所示曲线，设置【布局】为【圆形】，【旋转点】为【0,0,0】，【角度方向】中【数量】为 5，【节距角】为 72，最终草图如图 2-4-5 所示。

图 2-4-4 【阵列曲线】对话框

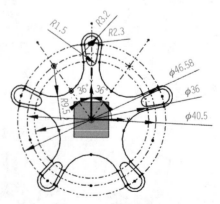

图 2-4-5 最终草图

（3）拉伸实体。执行菜单栏【插入】→【设计特征】→【拉伸】命令，弹出【拉伸】对话框，选择刚才绘制的草图作为截面，方向为"ZC"轴，拉伸高度为 0-2.5，结果如图 2-4-6 所示。

（4）生成圆柱体。执行菜单栏【插入】→【设计特征】→【圆柱】命令，弹出图 2-4-7 所示的【圆柱】对话框，输入【直径】为 20 mm，【高度】为 8.7-2.5 mm，【指定矢量】为 XC 轴，【指定点】为【0，0，2.5】点，单击【确定】按钮，得到图 2-4-8 所示的圆柱体。

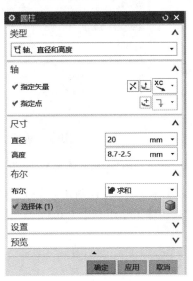

图 2-4-6　拉伸实体　　　　　　图 2-4-7　【圆柱】对话框　　　　　　图 2-4-8　圆柱体

（5）生成沉头孔。执行菜单栏【插入】→【设计特征】→【孔】命令，弹出图 2-4-9 所示的【孔】对话框，在该对话框中单击【位置】下的按钮，弹出图 2-4-10 所示的【创建草图】对话框，选择图 2-4-11 所示的平面，弹出图 2-4-12 所示的【草图点】对话框，单击【点】按钮，弹出图 2-4-13 所示的【点】对话框，输入点为【0，0，0】，单击【确定】按钮，按图 2-4-9 所示设置其余参考，单击【确定】按钮，完成图 2-4-14 所示沉头孔的绘制。

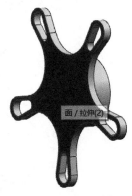

图 2-4-9　【孔】对话框　　　　　图 2-4-10　【创建草图】对话框　　　图 2-4-11　平面选择

图 2-4-12 【草图点】对话框

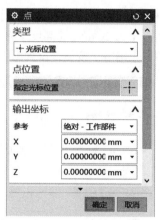

图 2-4-13 【点】对话框

图 2-4-14 沉头孔

执行菜单栏【插入】→【细节特征】→【倒斜角】命令，弹出图 2-4-15 所示的【倒斜角】对话框，选择图 2-4-16 所示的边，输入【距离】为 0.5 mm。

图 2-4-15 【倒斜角】对话框

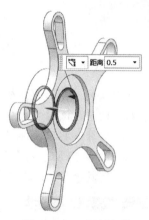

图 2-4-16 倒斜角边

（6）创建螺纹特征。执行菜单栏【插入】→【设计特征】→【螺纹】命令，弹出图 2-4-17 所示的【螺纹】对话框，选择【螺纹类型】为【详细】，起始端选择沉头孔沉头平面；选择螺纹放置面为内孔圆柱面；螺纹参数设置如图 2-4-17 所示，结果如图 2-4-18 所示。

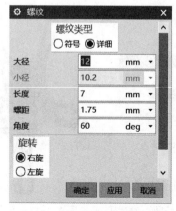

图 2-4-17 【螺纹】对话框

图 2-4-18 螺纹特征

执行菜单栏【插入】→【细节特征】→【边倒圆】命令，弹出图2-4-19所示的【边倒圆】对话框，输入【半径】为0.5 mm，选择图2-4-20所示的边1，单击【确定】按钮。

图2-4-19 【边倒圆】对话框

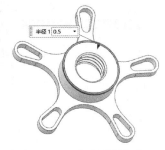

图2-4-20 【边倒圆】边1

继续执行【边倒圆】命令，输入【半径】为0.2 mm，选择图2-4-21所示的边2，单击【确定】按钮，完成图2-4-22所示的卸力盘模型。

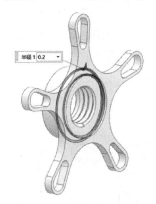

图2-4-21 【边倒圆】边2

图2-4-22 卸力盘模型

（7）保存，完成。

（8）单击【新建】按钮，弹出图2-4-23所示的【新建】对话框，在该对话框中选择【图纸】选项卡，选择A4图纸，输入【名称】为【卸力盘】，单击【确定】按钮，进入制图环境。

（9）创建基本视图。执行菜单栏【插入】→【视图】→【基本】命令，弹出图2-4-24所示的【基本视图】对话框，设置【模型视图】为【右视图】，【比例】为【2:1】，放置视图在合适位置，结果如图2-4-25所示。

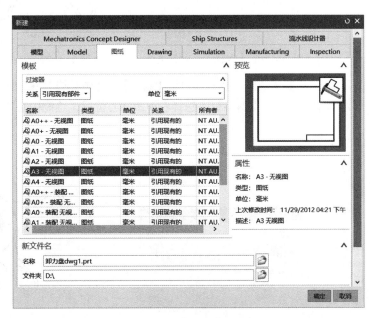

图2-4-23 【新建】对话框

图 2-4-24 【基本视图】对话框

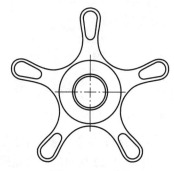

图 2-4-25 右视图

执行菜单栏【插入】→【视图】→【剖视图】命令，弹出图 2-4-26 所示的【剖视图】对话框，【截面线段】的【指定位置】选择右视图圆心位置，结果如图 2-4-27 所示。

图 2-4-26 【剖视图】对话框

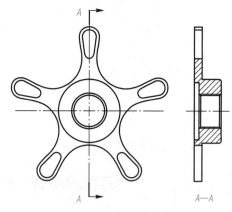

图 2-4-27 右视图、剖视图

（10）绘制中心线。执行菜单栏【插入】→【中心线】→【中心标记】命令，弹出图 2-4-28 所示的【中心标记】对话框，选择右视图圆心位置，绘制中心线，如图 2-4-29 所示。

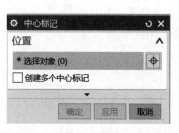

图 2-4-28 【中心标记】对话框

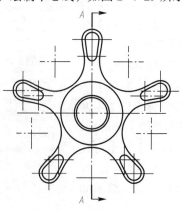

图 2-4-29 中心标记

执行菜单栏【插入】→【中心线】→【圆形】命令，弹出图 2-4-30 所示的【圆形中心线】对话框，分别选择三处不同圆心位置，绘制辅助圆，用同样的方法绘制其余两个辅助圆，结果如图 2-4-31 所示。

图 2-4-30 【圆形中心线】对话框

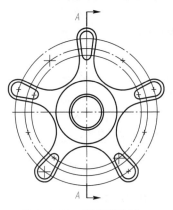

图 2-4-31 圆形辅助线

执行菜单栏【插入】→【中心线】→【3D 中心线】命令，弹出图 2-4-32 所示的【3D 中心线】对话框，选择图 2-4-27 所示剖视图中剖面圆弧位置，结果如图 2-4-33 所示。

图 2-4-32 【3D 中心线】对话框

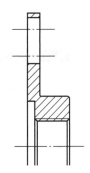

图 2-4-33　3D 中心线

（11）尺寸标注。执行菜单栏【插入】→【尺寸】→【快速】命令，弹出图 2-4-34 所示的【快速尺寸】对话框，设置【方法】为【直径】，选择图 2-4-35 所示的右视图中圆，标注直径尺寸，结果如图 2-4-35 所示。

图 2-4-34 【快速尺寸】对话框

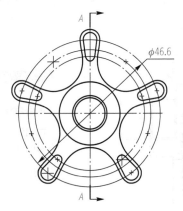

图 2-4-35　直径标注

在【快速尺寸】对话框中，将【方法】设置为【径向】，设置参数如图2-4-36所示，选择前视图及剖视图中的圆弧边，标注圆弧尺寸，结果如图2-4-37所示。

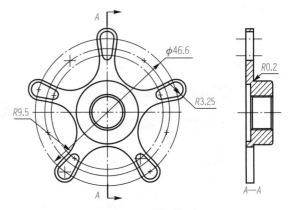

图2-4-36 【快速尺寸】对话框　　　　　　图2-4-37　圆弧标注

执行菜单栏【插入】→【尺寸】→【倒斜角】命令，弹出图2-4-38所示的【倒斜角尺寸】对话框，选择剖视图中的倒角边，标注倒角尺寸，结果如图2-4-39所示。

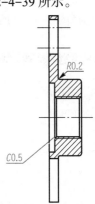

图2-4-38 【倒斜角尺寸】对话框　　　　　图2-4-39　倒角标注

继续执行【快速尺寸】命令，标注剖视图螺纹位置，结果如图2-4-40所示，执行菜单栏【编辑】→【注释】→【文本】命令，弹出图2-4-41所示的【文本】对话框，选择如图2-4-42所示的尺寸，修改文本为"M12×1"，结果如图2-4-42所示。

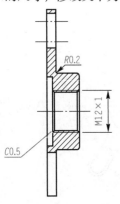

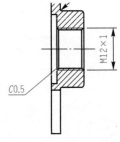

图2-4-40　螺纹初次标注　　　　图2-4-41 【文本】对话框　　　　图2-4-42　螺纹标注

标注其余尺寸，结果如图 2-4-43 所示。

（12）文本注释。执行菜单栏【插入】→【注释】→【注释】命令，弹出图 2-4-44 所示的【注释】对话框，输入【未注圆角 R0.1】，放置合适位置，如图 2-4-45 所示。

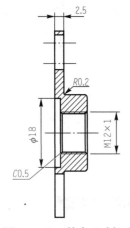

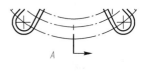

图 2-4-43　其余尺寸标注	图 2-4-44　【注释】对话框	图 2-4-45　文本注释

（13）标题栏填写。执行菜单栏【格式】→【图层设置】命令，弹出图 2-3-28 所示的【图层设置】对话框，勾选【170】层，单击【图纸名称】文本框，输入【图纸名称】为【卸力盘】，单击【卸力盘】按钮，将字体变为高亮，执行菜单栏【编辑】→【设置】命令，弹出图 2-4-46 所示的【设置】对话框，设置【字体高度】为【8】,【字体】为【仿宋】。

单击【比例】文本框，输入【比例】为【2∶1】。单击【2∶1】，将字体变为高亮，设置【字体高度】为【3.5】；单击【单位名称】文本框，输入【单位名称】为【山西机电职业技术学院】，设置【字体高度】为【5】，结果如图 2-4-47 所示。

图 2-4-46　【设置】对话框

					卸力盘		图样标记	质量	比例
									2∶1
标记	处数	更改文件号	签字	日期			共　页		第　页
设计									
校对					山西机电职业技术学院				
审核									
批准									

图 2-4-47　标题栏

1. 螺纹

执行【螺纹】命令可以在具有圆柱面的特征上创建符号螺纹或详细螺纹，圆柱面特征包括孔、圆柱、凸台等。执行菜单栏【插入】→【设计特征】→【螺纹】命令，弹出图 2-4-48 所示的【螺纹】对话框。

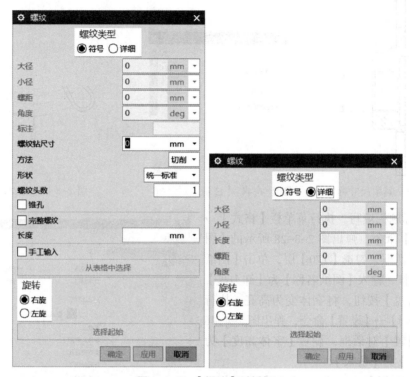

图 2-4-48 【螺纹】对话框

（1）螺纹类型。

1）符号螺纹：螺纹表面用虚线圆圈的形式表示，螺纹类型主要是为了在工程图中转化为螺纹简易画法，创建速度快，如图 2-4-49 所示。

2）详细螺纹：此类型螺纹的形式更加逼真地显示螺纹状况，由于其几何选择及显示的复杂性，生成和更新都需要更长的时间，如图 2-4-50 所示。

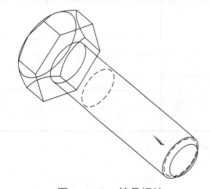

图 2-4-49 符号螺纹

图 2-4-50 详细螺纹

（2）大径：螺纹的最大直径。

（3）小径：螺纹的最小直径。

（4）螺距：从螺纹上某一点到下一螺纹的相应点之间的距离，且平行于轴测量。

（5）角度：螺纹的两个面之间的夹角。

2. 边倒圆

边倒圆用于在实体沿边缘去除材料或添加材料，使实体上的尖锐边缘变成圆滑表面，可以沿一条边或多条边同时进行倒圆操作。执行菜单栏【插入】→【细节特征】→【边倒圆】命令，弹出图2-4-51所示的【边倒圆】对话框。

（1）恒半径倒圆。恒半径倒圆如图2-4-52所示。

图 2-4-51 【边倒圆】对话框

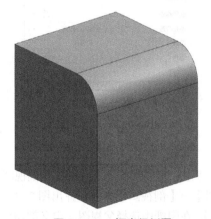

图 2-4-52 恒半径倒圆

（2）变半径倒圆。图2-4-53所示为【可变半径点】对话框，通过沿着选中的边缘指定多个点并输入每个点上的半径，生成半径沿着其边缘变化的圆角，如图2-4-54所示。

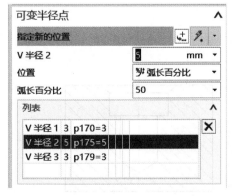

图 2-4-53 【可变半径点】对话框

图 2-4-54 变半径倒圆

（3）拐角倒角。拐角倒角用于生成一个拐角圆角，图2-4-55所示为【拐角倒角】对话框，通过指定所有圆角的偏置值（这些圆角一起形成拐角），控制拐角的形状，如图2-4-56所示。

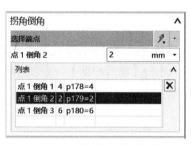

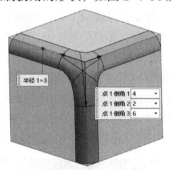

图2-4-55　【拐角倒角】对话框

图2-4-56　拐角倒角倒圆

（4）拐角突然停止。图2-4-57所示为【拐角突然停止】对话框，通过添加终止点，来限制边上倒角范围，如图2-4-58所示。

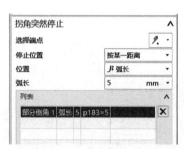

图2-4-57　【拐角突然停止】对话框

图2-4-58　拐角突然停止倒圆

3. 全剖视图

利用一个剖切面剖开模型建立全剖视图，以清楚表达模型的内部结构。执行菜单栏【插入】→【视图】→【剖视图】命令，弹出图2-4-59所示的【剖视图】对话框，方法选择【简单剖/阶梯剖】，在图纸中选择父视图，定义剖切位置，指定剖视图的中心，放置视图。

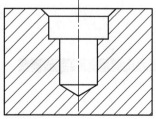

图2-4-59　全剖视图

4. 编辑尺寸

在视图标注尺寸后，有时需要编辑标注尺寸。在视图中双击尺寸，打开图 2-4-60 所示的编辑尺寸窗口，在窗口中单击相应的按钮来编辑尺寸。

5. 中心线

（1）2D 中心线。2D 中心线通过选择两条边、两条曲线或两个点来创建。执行菜单栏【插入】→【中心线】→【2D 中心线】命令，弹出图 2-4-61 所示的【2D 中心线】对话框，选择左右两条边，实现中间中心线的创建。

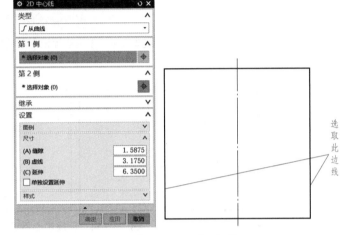

图 2-4-60　编辑尺寸窗口　　　　　　图 2-4-61　【2D 中心线】对话框

（2）3D 中心线。3D 中心线是通过选择扫掠面或分析面来创建中心线符号，可以选择圆柱面、圆锥面、直纹面、拉伸面、回转面等。执行菜单栏【插入】→【中心线】→【3D 中心线】命令，弹出图 2-4-62 所示的【3D 中心线】对话框，选择圆柱面，实现中心线的创建。

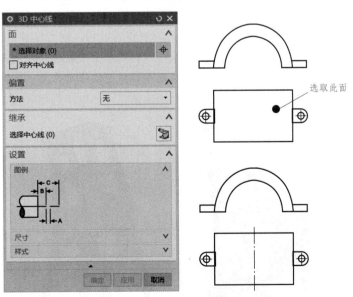

图 2-4-62　【3D 中心线】对话框

（3）中心标记。创建通过点或圆弧的中心标记符号。执行菜单栏【插入】→【中心线】→

【中心标记】命令，弹出图2-4-63所示的【中心标记】对话框，选择图2-4-64所示的孔，实现孔中心线的创建。

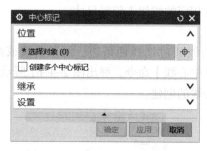

图2-4-63 【中心标记】对话框

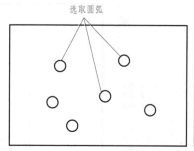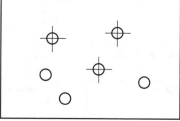

图2-4-64 创建中心标记

【素养提升】

变形椅子

变形椅子（图2-4-65）在家庭生活中发挥着重要的作用。现代家庭空间常常有限，因此需要家具具备多功能性，以节省空间并满足不同的需求。变形椅子具有可变形的特性，能够根据不同的场景和需求进行转换。变形椅子不仅可以当作椅子用，也可以当作梯子用。有了它，既可以坐在椅子上休息、吃饭、工作、学习，又可以站在梯子上取高处的东西、更换灯具、擦玻璃。有了它，可以省去高凳和梯子。这种灵活性和多功能性使家庭生活更加便利和舒适。

扫二维码查看
变形椅子操作
步骤

图2-4-65 变形椅子

卸力盘的模型设计主要使用了拉伸等命令，而在变形椅子的模型设计中，同样广泛采用了拉伸命令。通过运用拉伸命令，可以对椅子模型进行相应的拉伸变形，以达到预期的效果。合理运用拉伸命令，可以调整椅子的形状、尺寸和功能，满足不同日常生活的需求和设计要求。在设计过程中，拉伸命令作为一种重要的工具，可以灵活地改变椅子的特征，并且保持其结构稳定和舒适度。

【任务拓展】

完成图 2-4-66 所示的调节螺帽模型及工程图设计。

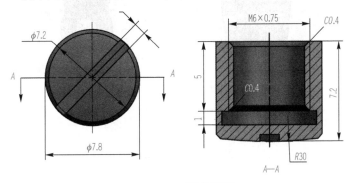

图 2-4-66　调节螺帽

【任务评价】

（1）学习了哪些新的知识点？

（2）掌握了哪些新技能点？

（3）对于本次任务的完成情况是否满意？写出课后总结反思。

任务 2.5　滑套的模型及工程图设计

【任务描述】

通过对滑套零件（图 2-5-1）造型及工程图任务的实施，掌握布尔运算（求交、求和）、基准平面、拉伸（拉伸到面、偏置）等基本造型特征的创建方法，以及工程图中基本视图（前视图、剖视图）、尺寸编辑、相交符号、显示隐藏线等工具的用法，掌握三维建模的基本技巧。滑套的造型方法对于其他同类零件的造型具有一定的借鉴作用。

扫二维码观看
视频资源

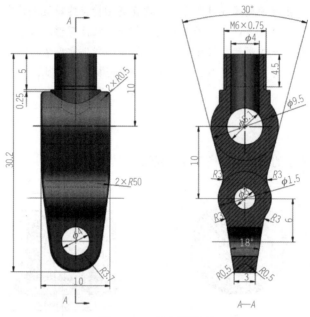

图 2-5-1　滑套零件图

【任务分析】

通过对零件图纸的分析，滑套造型主要利用拉伸命令完成。先利用拉伸命令完成主体部分，再利用布尔求交、边倒圆、螺纹指令完成其余部分，具体造型方案设计见表 2-5-1。

表 2-5-1　滑套零件造型方案设计

拉伸实体 1	拉伸实体 2	布尔求交	边倒圆
拉伸实体 3	拉伸实体 4（求和）	孔、边倒圆、螺纹操作	

【任务实施】

（1）创建拉伸特征 1。执行菜单栏【插入】→【在任务环境中绘制草图】命令，弹出【创建草图】对话框，如图 2-5-2 所示，选择 *YOZ* 平面为草图绘制平面，完成草图 1，如图 2-5-3 所示。

图 2-5-2 【创建草图】对话框

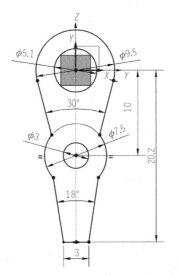

图 2-5-3 草图 1

执行菜单栏【插入】→【设计特征】→【拉伸】命令，弹出【拉伸】对话框，单击【选择曲线】按钮，选择草图 1，【方向】采用默认方向，其余参数按图 2-5-4 所示设置，单击【确定】按钮，完成图 2-5-5 所示的拉伸特征 1。

图 2-5-4 【拉伸】对话框

图 2-5-5 拉伸特征 1

（2）创建拉伸特征 2。执行菜单栏【插入】→【在任务环境中绘制草图】命令，弹出【创建草图】对话框，选择 *XOZ* 平面为草图绘制平面，完成图 2-5-6 所示草图 2 的绘制。

执行菜单栏【插入】→【设计特征】→【拉伸】命令，弹出【拉伸】对话框，如图 2-5-7 所示，在该对话框中单击【选择曲线】按钮，选择草图 2，【方向】采用默认方向，其余参数按图 2-5-7 所示设置，单击【确定】按钮，完成图 2-5-8 所示的拉伸特征 2。

执行菜单栏【插入】→【细节特征】→【边倒圆】命令，弹出图 2-5-9 所示的【边倒圆】对话框，输入【半径】为 50 mm，选择图 2-5-10 所示的【边倒圆】边 1，单击【确定】按钮。

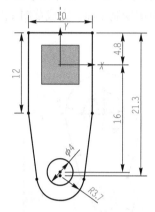

图 2-5-6　草图 2

图 2-5-7　【拉伸】对话框

图 2-5-8　拉伸特征 2

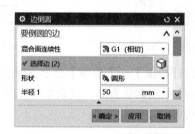

图 2-5-9　【边倒圆】对话框

图 2-5-10　【边倒圆】边 1

执行【边倒圆】命令，在弹出的【边倒圆】对话框中输入【半径】为 3.5，选择图 2-5-11 所示的【边倒圆】边 2，单击【确定】按钮。

继续执行【边倒圆】命令，在弹出的【边倒圆】对话框中输入【半径】为 0.2，选择图 2-5-12 所示的【边倒圆】边 3，单击【确定】按钮。

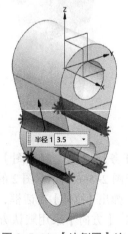

图 2-5-11　【边倒圆】边 2

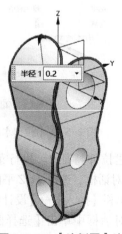

图 2-5-12　【边倒圆】边 3

（3）创建圆柱体。执行菜单栏【插入】→【设计特征】→【圆柱】命令，弹出图 2-5-13 所示的【圆柱】对话框，输入【直径】为 6 mm，【高度】为 5 mm，选择矢量为"ZC"轴，单击【指定点】按钮，弹出图 2-5-14 所示的【点】对话框，指定点为【0,0,5】点，单击【确定】按钮，得到图 2-5-15 所示的圆柱体。

图 2-5-13 【圆柱】对话框

图 2-5-14 【点】对话框

图 2-5-15 圆柱体

（4）创建拉伸特征 3。执行菜单栏【插入】→【设计特征】→【拉伸】命令，弹出【拉伸】对话框，选择圆柱体下表面圆，【矢量】为【-Z 轴】，【开始】值为 0，【结束】为【直至选定】，选择拉伸特征 2；【偏置】为【单侧】，【结束】为【0.6 mm】，如图 2-5-16 所示。拉伸结果如图 2-5-17 所示。

图 2-5-16 【拉伸】对话框

图 2-5-17 拉伸特征 3

执行菜单栏【插入】→【组合】→【求和】命令，选择【目标体】为圆柱体，【工具体】为其余部分。

（5）创建简单孔。执行菜单栏【插入】→【设计特征】→【孔】命令，弹出【孔】对话框，绘制【指定点】为拉伸4上表面圆心，其余参数如图2-5-18所示设置，单击【确定】按钮，创建简单孔结果如图2-5-19所示。

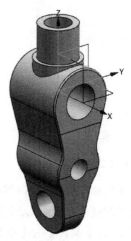

图2-5-18　【孔】对话框　　　　　　　　　　　图2-5-19　简单孔

（6）创建符号螺纹。执行菜单栏【插入】→【设计特征】→【螺纹】命令，弹出【螺纹】对话框，选择拉伸4外圆柱面进行表格查询，其余参数按图2-5-20所示设置，单击【确定】按钮，结果如图2-5-21所示。

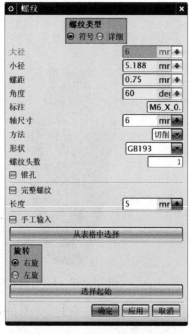

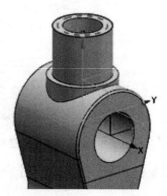

图2-5-20　【螺纹】对话框　　　　　　　　　图2-5-21　符号螺纹

执行菜单栏【插入】→【细节特征】→【边倒圆】命令,弹出图2-5-22所示的【边倒圆】对话框。选择图2-5-23所示的边,其余参数按图2-5-22所示设置,单击【确定】按钮,完成图2-5-24所示的滑套模型。

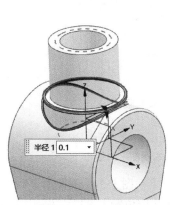

图2-5-22 【边倒圆】对话框　　　　图2-5-23 【边倒圆】的边　　　　图2-5-24 滑套模型

(7)保存,完成。

(8)执行【新建】命令,弹出图2-5-25所示的【新建】对话框,选择【图纸】选项卡,选择A3图纸,输入名称【滑套】,单击【确定】按钮,进入制图环境。

图2-5-25 【新建】对话框

(9)创建基本视图。执行菜单栏【插入】→【视图】→【基本】命令,弹出图2-5-26所示的【基本视图】对话框,设置【模型视图】为【右视图】,【比例】为【5:1】,放置视图在合适位置,结果如图2-5-27所示。

图 2-5-26 【基本视图】对话框

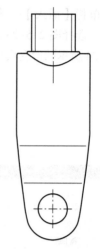

图 2-5-27　右视图

执行菜单栏【插入】→【视图】→【剖视图】命令，弹出图 2-5-28 所示的【剖视图】对话框，将【截面线段】的【指定位置】设置为右视图圆心位置，结果如图 2-5-29 所示。

图 2-5-28 【剖视图】对话框

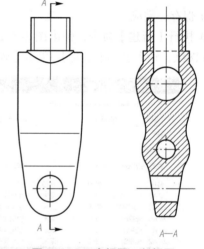

图 2-5-29　右视图、剖视图

选择右视图，执行菜单栏【编辑】→【设置】命令，弹出【设置】对话框，选择【公共】→【隐藏线】，【格式】选择按图 2-5-30 所示设置，结果如图 2-5-31 所示。

（10）尺寸标注。执行菜单栏【插入】→【尺寸】→【快速】命令，标注右视图尺寸结果如图 2-5-32 所示，执行菜单栏【插入】→【尺寸】→【快速】命令，弹出图 2-5-33 所示的【快速尺寸】对话框，设置【方法】为【斜角】，标注图 2-5-34 所示的角度尺寸，继续标注剩余尺寸，结果如图 2-5-35 所示。

图 2-5-30 【设置】对话框

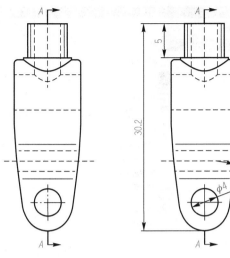

图 2-5-31　显示隐藏线　　图 2-5-32　右视图尺寸标注

图 2-5-33　【快速尺寸】对话框

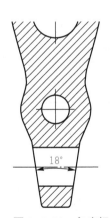

图 2-5-34　角度标注

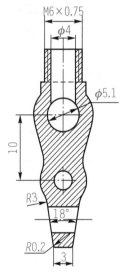

图 2-5-35　剖视图尺寸标注

（11）文本注释。执行菜单栏【插入】→【注释】→【注释】命令，弹出图 2-5-36 所示的【注释】对话框，输入【未注圆角 R0.1】，放置合适位置，结果如图 2-5-37 所示。

图 2-5-36　【注释】对话框

未注圆角R0.1

图 2-5-37　文本注释

（12）标题栏填写。执行菜单栏【格式】→【图层设置】命令，弹出图 2-3-28 所示的【设置】对话框，勾选【170】层，单击【图纸名称】文本框，输入【图纸名称】为【滑套】，单击【滑套】，将字体变为高亮，执行菜单栏【编辑】→【设置】命令，弹出图 2-5-38 所示的【设置】对话框，设置【字体高度】为【8】，【字体】为【仿宋】。

单击【比例】文本框，输入【比例】为【5：1】。单击【5：1】，将字体变为高亮，设置【字体高度】为【3.5】；单击【单位名称】文本框，输入【单位名称】为【山西机电职业技术学院】，设置【字体高度】为【5】，结果如图 2-5-39 所示。

图 2-5-38 【设置】对话框

			滑套					
					图样标记		质量	比例
标记	处数	更改文件号	签字	日期				5：1
设计					共 页		第 页	
校对								
审核					山西机电职业技术学院			
批准								

图 2-5-39　标题栏

【相关知识】

1. 布尔操作

布尔操作用于组合已存在的实体和片体，包括合并、减去和相交。

（1）合并。将两个或多个工具实体的体积组合为一个目标体。执行菜单栏【插入】→【组合】→【合并】命令，弹出图 2-5-40 所示的【合并】对话框。选择图 2-5-41 所示的目标圆柱体、工具圆柱体，单击【确定】按钮，完成图 2-5-42 所示的合并体。

图 2-5-40 【合并】对话框

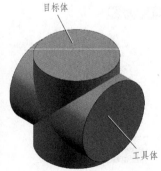

图 2-5-41　目标体工具体

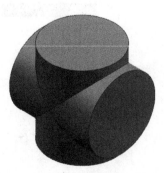

图 2-5-42　合并体

（2）减去。从目标体中减去工具体的体积，即将目标体中与工具体相交的部分去掉，生成新的实体。执行菜单栏【插入】→【组合】→【减去】命令，选择图 2-5-41 所示的目标圆柱体、工具圆柱体，单击【确定】按钮，完成图 2-5-43 所示的减去体。

（3）相交。创建包含目标体与一个或多个工具体的共享体积或区域的体。执行菜单栏【插入】→【组合】→【相交】命令，选择图 2-5-41 所示的目标圆柱体、工具圆柱体，单击【确定】按钮，完成图 2-5-44 所示的相交体。

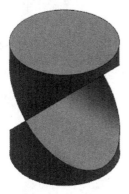

图 2-5-43　减去体

图 2-5-44　相交体

2. 基准平面

基准平面是建模的辅助平面，执行菜单栏【插入】→【基准 / 点】→【基准平面】命令，弹出图 2-5-45 所示的【基准平面】对话框。

（1）自动判断：系统感觉所选对象自行创建基准平面矢量。

（2）点和方向：通过选择一个参考点和一个参考矢量来创建基准平面，如图 2-5-46 所示。

图 2-5-45　【基准平面】对话框

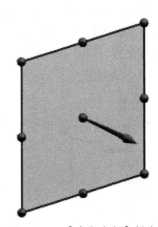

图 2-5-46　【点和方向】创建

（3）曲线上：通过已存在的曲线，创建在该曲线某点处和该曲线垂直的基准平面，如图 2-5-47 所示。

（4）按某一距离：通过和已存在的参考平面或基准面进行偏置得到新的基准平面，如图 2-5-48 所示。

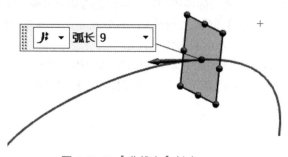

图 2-5-47 【曲线上】创建

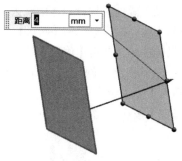

图 2-5-48 【按某一距离】创建

（5）成一角度：通过与一个平面或基准平面成指定角度来创建基准平面，如图 2-5-49 所示。

（6）二等分：在相互平行的平面或基准平面的对称中心处创建基准平面，如图 2-5-50 所示，选择圆柱体上、下表面作为二等分表面。

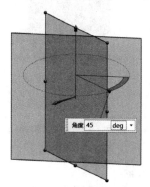

图 2-5-49 【成一角度】创建

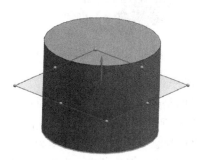

图 2-5-50 【二等分】创建

（7）曲线和点：通过选择曲线和点来创建基准平面，如图 2-5-51 所示。

（8）两直线：通过选择两条直线来创建基准平面。如果两条直线在同一个平面内，则以这两条直线所在平面为基准平面；如果两条直线不在同一平面内，那么基准平面通过一条直线且和另一条直线平行，如图 2-5-52 所示。

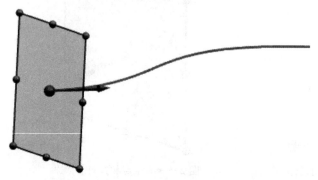

图 2-5-51 【曲线和点】创建

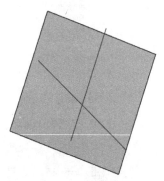

图 2-5-52 【两直线】创建

（9）相切：通过和一曲面相切，且通过该曲线上的点、线或平面来创建基准平面，如图 2-5-53 所示。

（10）通过对象：以对象平面为基准平面，如图 2-5-54 所示。

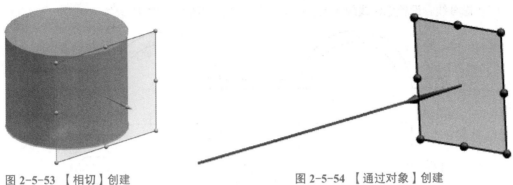

图 2-5-53 【相切】创建　　　　　　　　图 2-5-54 【通过对象】创建

3. 相交符号

创建相交符号，用来标注拐角处的尺寸。执行菜单栏【插入】→【注释】→【相交符号】命令，弹出图 2-5-55 所示的【相交符号】对话框。

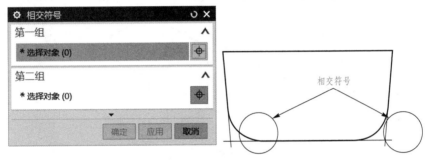

图 2-5-55 【相交符号】对话框

4. 视图参数设置

【视图】命令能控制视图中显示参数，如隐藏线、剖视图背景线、轮廓线、光顺边等的显示。执行菜单栏【插入】→【首选项】→【制图】命令，弹出图 2-5-56 所示的【制图首选项】对话框。

图 2-5-56 【制图首选项】对话框

（1）隐藏线：设置隐藏线的颜色、线型、宽度等，如图2-5-57所示。

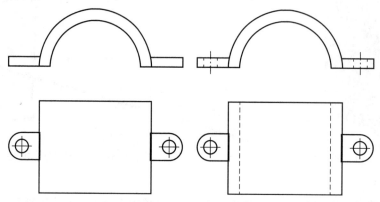

图2-5-57　显示隐藏线

（2）可见线：设置轮廓线的颜色、线型、线宽等显示属性，如图2-5-58所示。

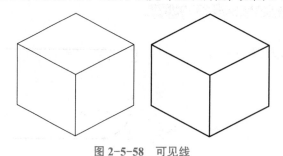

图2-5-58　可见线

（3）光顺边：用于控制【光顺边】的显示，如图2-5-59所示。

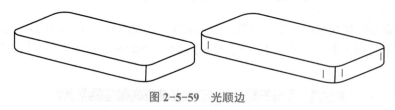

图2-5-59　光顺边

【素养提升】

鲁班盒

鲁班盒（图2-5-60）是一种源自中国古代的传统智力玩具。鲁班盒的设计通常基于中国古代建筑和家具中常用的榫卯结构，这种结构通过凸出的"榫"和凹进的"卯"相互结合，实现了一种无须钉子或胶水即可稳固连接的方式。鲁班盒的魅力在于其看似简单的外观下，隐藏着复杂的内部结构。它需要通过三维拼插，使内部的榫卯结构能够精确咬合，外观上则严丝合缝，既易于拆卸又难以重新组装，显示出古代工匠的智慧和创造力。

鲁班盒作为一种传统的木工工具，不仅仅是实用的器物，更是工匠精神和创新精神的象征。它提醒我们，无论在哪个行业，都应该追求卓越，不断创新，以匠人的态度去打磨每个细节，以创新者的思维去探索更多可能性。面对快速变化的世界，我们需要不断学习新知识、掌握新技能，勇于实践和创新，以适应未来的需求。同时，应该传承和弘扬这种精神，让它成为推动社会进步和个人成长的力量。

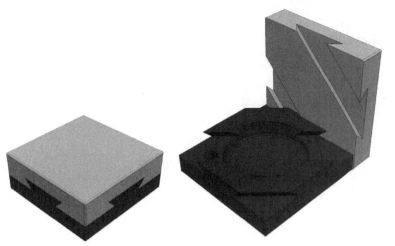

图 2-5-60　鲁班盒

　　鲁班盒的模型设计主要由拉伸命令完成。在软件中绘制出鲁班盒各部分的二维轮廓草图，使用拉伸命令将鲁班盒的主体框架的二维草图转换成三维实体，生成鲁班盒的主体框架及榫卯结构等复杂几何形状。

【任务拓展】

完成图 2-5-61 所示排线器支架的模型设计。

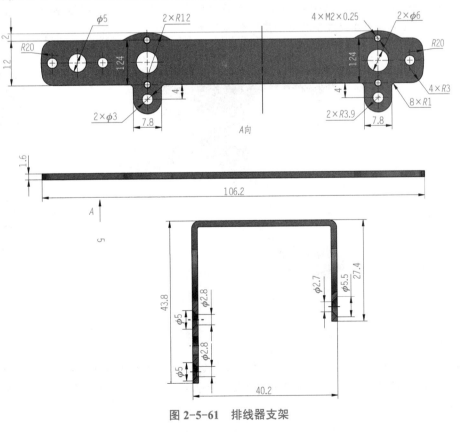

图 2-5-61　排线器支架

【任务评价】

（1）学习了哪些新的知识点？

（2）掌握了哪些新技能点？

（3）对于本次任务的完成情况是否满意？写出课后总结反思。

任务 2.6　半盖的模型及工程图设计

【任务描述】

通过对半盖零件（图 2-6-1）造型及工程图任务的实施，掌握抽壳（不同厚度）、同步建模（替换面）、镜像特征等基本造型特征的创建方法，以及工程图中投影视图、基本视图（局部剖视图）、轴测图、尺寸标注（沉头孔标注）等工具的用法，掌握三维建模的基本技巧。半盖的造型方法对于其他同类零件的造型具有一定的借鉴作用。

扫二维码查看
图纸

扫二维码观看
视频资源

图 2-6-1　半盖零件

【任务分析】

通过对图纸的分析，半盖造型主要利用拉伸命令完成。先利用拉伸命令完成主体部分，再利用抽壳、孔、镜像特征、同步建模（替换面）等命令完成其余部分，具体造型方案设计见表 2-6-1。

表 2-6-1　半盖零件造型方案设计

拉伸实体 1	拉伸实体 2（和）	抽壳	拉伸实体 3（和）	拉伸实体 4（差）
拉伸实体 5（和）	同步建模（替换面）	孔、拉伸操作	镜像特征	

【任务实施】

（1）新建模型文件，命名为"半盖 .prt"。

（2）创建草图。执行菜单栏【插入】→【拉伸】命令，弹出【拉伸】对话框，单击【选择曲线】右侧▣按钮，弹出【创建草图】对话框，选择 XOY 平面为草图绘制平面，进入草图绘制环境，绘制图 2-6-2 所示的草图。

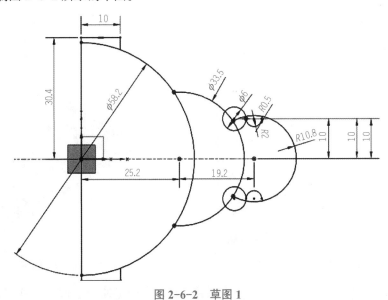

图 2-6-2　草图 1

（3）拉伸实体 1。执行菜单栏【插入】→【设计特征】→【拉伸】命令，弹出图 2-6-3 所示的【拉伸】对话框，选择图 2-6-4 所示的草图截面 1，方向为 +Z，参数设置如图 2-6-3 所示，单击【确定】按钮，完成拉伸实体 1。

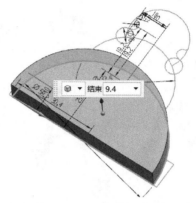

图 2-6-3 【拉伸】对话框   图 2-6-4 草图截面 1

（4）拉伸实体 2。执行【拉伸】命令，弹出图 2-6-5 所示的【拉伸】对话框，选择图 2-6-6 所示的草图截面 2，方向为 +Z，单击【确定】按钮，完成拉伸实体 2。

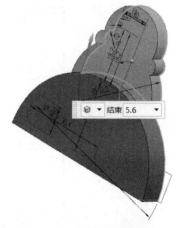

图 2-6-5 【拉伸】对话框   图 2-6-6 草图截面 2

（5）抽壳。执行菜单栏【插入】→【偏置 / 缩放】→【抽壳】命令，弹出图 2-6-7 所示的【抽壳】对话框，【要穿透的面】选择【面 1】【面 2】（图 2-6-8）、【面 3】（图 2-6-9）、【厚度】为 1.6 mm，【备选厚度】选择【面 4】【面 5】，【厚度】为 0.5 mm，单击【确定】按钮，完成图 2-6-10 所示抽壳特征。

图 2-6-7 【抽壳】对话框

图 2-6-8 面 1 与面 2

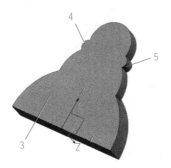

图 2-6-9 面 3、面 4 与面 5

图 2-6-10 抽壳特征

（6）拉伸实体 3。执行【拉伸】命令，弹出图 2-6-11 所示的【拉伸】对话框，选择图 2-6-12 所示的草图截面 3，方向为 +Z，单击【确定】按钮，完成拉伸实体 3。

图 2-6-11 【拉伸】对话框

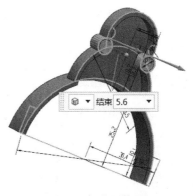

图 2-6-12 草图截面 3

（7）拉伸实体4。执行【拉伸】命令，弹出图2-6-13所示的【拉伸】对话框，选择图2-6-14所示的草图截面4，方向为+Z，单击【确定】按钮，完成拉伸实体4，如图2-6-15所示。

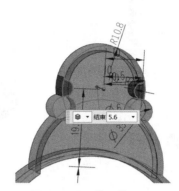

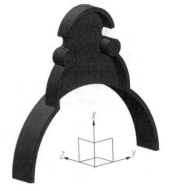

图2-6-13 【拉伸】对话框　　　图2-6-14 草图截面4　　　图2-6-15 拉伸实体4

（8）拉伸实体5。执行【拉伸】命令，弹出图2-6-16所示的【拉伸】对话框，选择图2-6-17所示的草图截面5，方向为+Z，单击【确定】按钮，完成拉伸实体5。

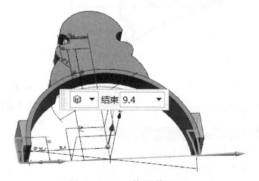

图2-6-16 【拉伸】对话框　　　　　图2-6-17 草图截面5

（9）替换面。执行菜单栏【插入】→【同步建模】→【替换面】命令，弹出图2-6-18所示的【替换面】对话框，【要替换的面】选择图2-6-19所示的面1，【替换面】选择面2，单击【确定】按钮。同理，完成另一侧，结果如图2-6-20所示。

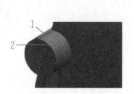

图2-6-18 【替换面】对话框　　　图2-6-19 面选择　　　图2-6-20 替换面操作

（10）创建孔。执行菜单栏【插入】→【设计特征】→【孔】命令，弹出图 2-6-21 所示的【孔】对话框，位置设置如图 2-6-22 所示，其余参数如图 2-6-21 所示设置，单击【确定】按钮，完成图 2-6-23 所示的孔特征。

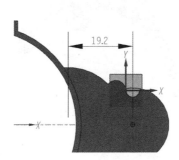

图 2-6-21 【孔】对话框　　　图 2-6-22 孔的位置　　　图 2-6-23 孔特征

（11）创建圆柱体。执行菜单栏【插入】→【设计特征】→【圆柱】命令，弹出图 2-6-24 所示的【圆柱】对话框，单击 按钮，弹出图 2-6-25 所示的【点】对话框，在该对话框中按照图示输入点坐标，单击【确定】按钮，继续按图 2-6-24 进行其余参数设置，单击【确定】按钮，完成图 2-6-26 所示的圆柱体。

图 2-6-24 【圆柱】对话框　　　图 2-6-25 【点】对话框　　　图 2-6-26 圆柱体

（12）创建孔。执行菜单栏【插入】→【设计特征】→【孔】命令，弹出图 2-6-27 所示的【孔】对话框，单击【位置】下的 按钮，进入草图，选择图 2-6-28 所示的草图面，弹出图 2-6-29 所示的【草图点】对话框，选择【圆弧中心】方式，捕捉圆柱体下端面圆心位置，得到图 2-6-30 所示孔的中心位置，单击【完成】按钮，返回图 2-6-27 所示的【孔】对话框，按图 2-6-27 进行参数设置，单击【确定】按钮，完成图 2-6-31 所示的孔特征。

图 2-6-27 【孔】对话框　　　　图 2-6-28 草图面　　　　图 2-6-29 【草图点】对话框

图 2-6-30　孔的中心位置　　　　　　　图 2-6-31　孔特征

（13）创建螺纹孔。执行菜单栏【插入】→【设计特征】→【孔】命令，弹出图 2-6-32 所示的【孔】对话框，选择圆柱面中心位置，参数设置参照图 2-6-32，单击【确定】按钮，得到图 2-6-33 所示的螺纹孔。

继续执行【孔】命令，弹出图 2-6-32 所示的【孔】对话框，单击 按钮，进入草图，选择图 2-6-34 所示的草图面，利用【中心约束】方式将螺纹孔中心位置约束在面的中心位置，单击【完成】按钮，返回图 2-6-32 所示的对话框，按图 2-6-32 进行参数设置，单击【确定】按钮，完成图 2-6-35 所示的螺纹孔特征。

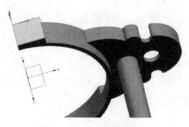

图 2-6-32 【孔】对话框　　　　图 2-6-33　螺纹孔　　　　图 2-6-34　草图面

执行菜单栏【插入】→【关联复制】→【镜像几何体】命令，弹出【镜像几何体】对话框，【要镜像的几何体】选择螺纹孔，【镜像平面】为 *XOZ* 平面，单击【确定】按钮，完成图 2-6-36 所示的镜像特征。

图 2-6-35　螺纹孔特征

图 2-6-36　镜像特征

执行菜单栏【插入】→【细节特征】→【边倒圆】命令，弹出图 2-6-37 所示的【边倒圆】对话框，在对话框中【半径 1】输入 1 mm，选择图 2-6-38 所示的【边倒圆】边 1，单击【确定】按钮。

图 2-6-37　【边倒圆】对话框

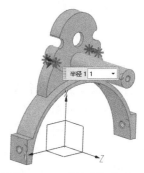

图 2-6-38　【边倒圆】边 1

执行【边倒圆】命令，弹出【边倒圆】对话框，在对话框中【半径 1】输入 0.5，选择图 2-6-39 所示的【边倒圆】边 2，单击【确定】按钮；继续执行【边倒圆】命令，弹出【边倒圆】对话框，在对话框中【半径 1】输入 0.3，选择图 2-6-40 所示的【边倒圆】边 3，单击【确定】按钮，完成图 2-6-41 所示的半盖模型。

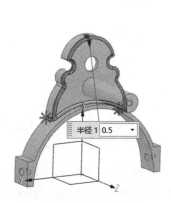

图 2-6-39　【边倒圆】边 2

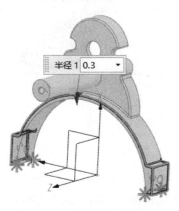

图 2-6-40　【边倒圆】边 3

图 2-6-41　半盖模型

（14）保存。

（15）执行【新建】命令，弹出图 2-6-42 所示的【新建】对话框，选择【图纸】选项卡，选择 A2 图纸，【名称】输入半盖，单击【确定】按钮，进入制图环境。

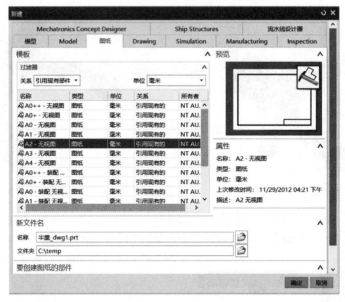

图 2-6-42 【新建】对话框

（16）创建基本视图。执行菜单栏【插入】→【视图】→【基本】命令，弹出图 2-6-43 所示的【基本视图】对话框，【要使用的模型视图】设置为【仰视图】，【比例】设置为【2：1】，单击【定向视图工具】按钮，弹出图 2-6-44 所示的【定向视图】对话框，在该对话框中选择 Z 轴（X 轴与 Y 轴交点），【角度】输入 180，按 Enter 键，选择【X】轴，【角度】输入 180，按 Enter 键，放置视图在合适位置，结果如图 2-6-45 所示。

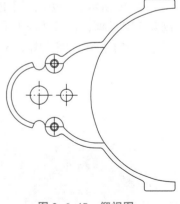

图 2-6-43 【基本视图】对话框　　　图 2-6-44 定向视图　　　图 2-6-45 仰视图

在仰视图上单击鼠标右键，弹出图 2-6-46 所示的快捷菜单，在快捷菜单中选择【添加投影视图】命令，跟随鼠标光标将出现投影视图，放置视图在仰视图左侧的合适位置，结果如图 2-6-47 所示。

执行菜单栏【插入】→【视图】→【剖视图】命令，弹出【剖视图】对话框，【截面线段】的【指定位置】选择投影视图圆柱中心位置，结果如图 2-6-48 所示。

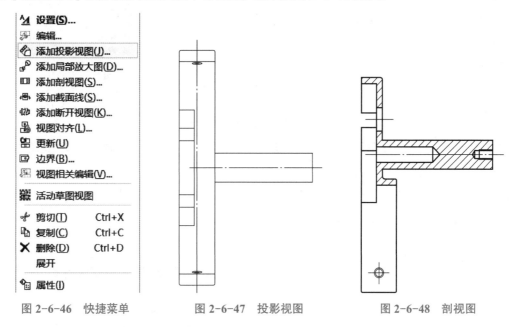

图 2-6-46　快捷菜单　　　　　　图 2-6-47　投影视图　　　　　　图 2-6-48　剖视图

执行菜单栏【插入】→【视图】→【基本】命令，弹出【基本视图】对话框，按照图 2-6-49 所示设置【要使用的模型视图】为【正等测图】，单击【定向视图工具】按钮，弹出图 2-6-44 所示的对话框，在该对话框中选择 Z 轴，【角度】输入 90，按 Enter 键，选择 X 轴，【角度】输入 90，按 Enter 键，放置视图在合适位置，结果如图 2-6-50 所示。

图 2-6-49　【基本视图】对话框

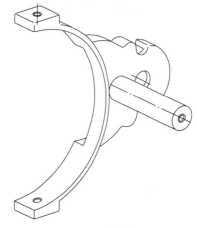

图 2-6-50　轴测图

（17）创建局部剖视图。在图 2-6-47 所示的投影视图上单击鼠标右键，弹出图 2-6-46 所示的快捷菜单，在快捷菜单中选择【展开】命令，进入展开视图界面；执行菜单栏【插入】→【草图曲线】→【艺术样条】命令，弹出图 2-6-51 所示的【艺术样条】对话框，勾选【封闭】复选框，绘制图 2-6-52 所示的艺术样条，单击【确定】按钮。在绘图区域单击鼠标右键，弹出图 2-6-53 所示的快捷菜单，在快捷菜单中选择【扩大】命令，返回绘图区域。

图 2-6-51 【艺术样条】对话框

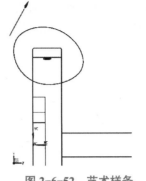

图 2-6-52 艺术样条

图 2-6-53 快捷菜单

执行菜单栏【插入】→【视图】→【局部剖】命令，弹出图 2-6-54 所示的【局部剖】对话框，选中投影视图，视图自动切换到指定基点状态，如图 2-6-55 所示。

图 2-6-54 【局部剖】对话框

图 2-6-55 指定基点

选择图 2-6-45 所示仰视图中孔中心位置作为剖切点位置，视图自动生成剖切箭头，如图 2-6-56 所示。如果方向不对可单击对话框中的【矢量反向】按钮改变方向，最后单击鼠标中键确认，将对话框切换到选择边界状态，如图 2-6-57 所示。

选择已创建的艺术样条曲线作为局部剖切边，单击【应用】按钮，完成图 2-6-57 所示的局部剖视图。

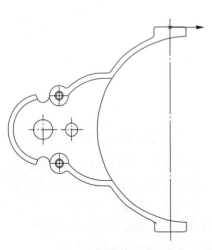

图 2-6-56 选择基点及默认方向

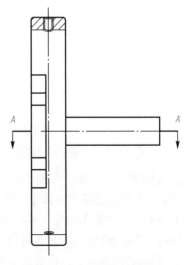

图 2-6-57 局部剖视图

（18）尺寸标注。执行菜单栏【插入】→【尺寸】→【快速】命令，完成仰视图螺纹孔尺寸标注 1，结果如图 2-6-58 所示。选中图 2-6-58 所示的尺寸标注，执行【编辑】→【设置】命令，弹出图 2-6-59 所示的【设置】对话框，参数设置如图 2-6-59 所示，结果如图 2-6-60 所示，将尺寸设置为水平放置。

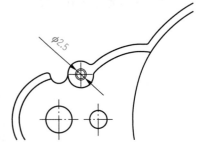

图 2-6-58　螺纹孔尺寸标注 1

执行菜单栏【编辑】→【注释】→【文本】命令，弹出图 2-6-61 所示的【文本】对话框，单击图 2-6-60 所示的 ϕ，修改文本为【2×M】，单击【关闭】按钮，完成图 2-6-62 所示的尺寸标注。继续单击尺寸中的【2.5】，按照图 2-6-63 所示插入深度符号及输入文本，结果如图 2-6-64 所示。

图 2-6-59　【设置】对话框

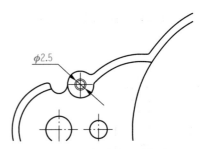

图 2-6-60　螺纹孔尺寸标注 2

图 2-6-61　【文本】对话框

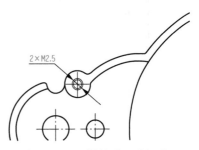

图 2-6-62　螺纹孔尺寸标注 3

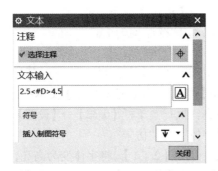

图 2-6-63　【文本】对话框

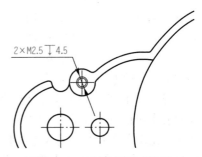

图 2-6-64　螺纹孔尺寸标注 4

继续标注俯视图其余尺寸，如图 2-6-65 所示。

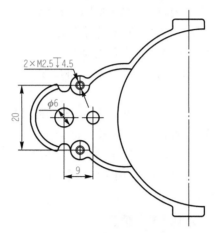

图 2-6-65　仰视图其余尺寸标注

标注投影视图尺寸如图 2-6-66 所示；标注剖视图尺寸如图 2-6-67 所示。

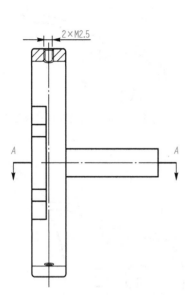

图 2-6-66　投影视图尺寸标注

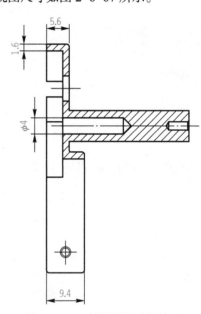

图 2-6-67　剖视图尺寸标注

（19）文本注释。执行菜单栏【插入】→【注释】→【注释】命令，弹出【注释】对话框，在文本框中输入"未注圆角 R0.3 主体壁厚均匀 1.6"，放置在合适位置，结果如图 2-6-68 所示。

未注圆角 R0.3
主体壁厚均匀 1.6

图 2-6-68　文本注释

（20）标题栏填写。执行菜单栏【格式】→【图层设置】命令，弹出图 2-3-28 所示的【图层设置】对话框，勾选【170】层，单击【图纸名称】文本框，输入【图纸名称】为"半盖"，单击【滑套】，将字体变为高亮，执行菜单栏【编辑】→【设置】命令，弹出【设置】对话框，设置【字体高度】为【8】,【字体】为"仿宋"。

单击【比例】文本框，输入【比例】为【2∶1】；单击【2∶1】，将字体变为高亮，设置【字体高度】为【3.5】；单击【单位名称】文本框，输入【单位名称】为"山西机电职业技术学院",设置【字体高度】为【5】,结果如图2-6-69所示。

					半盖		图样标记	质量	比例
									2:1
标记	处数	更改文件号	签字	日期			共 页		第 页
设计									
校对						山西机电职业技术学院			
审核									
批准									

图 2-6-69　标题栏

【相关知识】

1. 抽壳

抽壳是根据指定厚度值,在单个实体周围抽出或生成壳的操作,定义的厚度值可以是相同的,也可以是不同的。执行菜单栏【插入】→【偏置/缩放】→【抽壳】命令,弹出图2-6-70所示的【抽壳】对话框。

图 2-6-70　【抽壳】对话框

(1)【移除面,然后抽壳】。【移除面,然后抽壳】类型是在执行抽壳之前移除要抽壳的体的某些面,可以创建厚度不一致的抽壳。图2-6-71所示为厚度一致的抽壳。图2-6-72所示为【备选厚度】选项。图2-6-73所示为厚度不一致的抽壳特征。

(2)【对所有面抽壳】。【对所有面抽壳】类型是指定抽壳体的所有面,不移除任何面。图2-6-74所示为【对所有面抽壳】选项。图2-6-75所示为对所有面抽壳特征。

图 2-6-71　厚度一致的抽壳

图 2-6-72　【备选厚度】选项

图 2-6-73　厚度不一致的
抽壳特征

图 2-6-74　【对所有面抽壳】选项

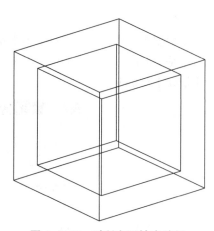

图 2-6-75　对所有面抽壳特征

2. 同步建模

（1）【替换面】。【替换面】命令能够用另一个面替换一组面，同时还能重新生成相邻的圆角面。执行菜单栏【插入】→【同步建模】→【替换面】命令，弹出图 2-6-76 所示的【替换面】对话框，选择图 2-6-77 所示的要替换的面和替换面，完成替换面操作。

图 2-6-76　【替换面】对话框

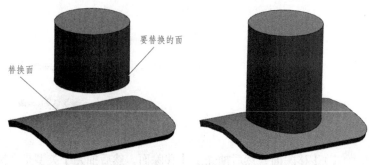

图 2-6-77　替换面

（2）【拉出面】。【拉出面】命令可从面区域中派出体积，接着使用此体积修改模型。执行菜单栏【插入】→【同步建模】→【拉出面】命令，弹出图 2-6-78 所示的【拉出面】对话框，选择图 2-6-79 所示的面，完成拉出面操作。

图 2-6-78 【拉出面】对话框

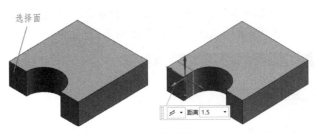

图 2-6-79 拉出面

（3）【调整面大小】。【调整面大小】命令可以改变圆柱面或球体的直径，以及锥面的半角，也能重新生成相邻圆角面。执行菜单栏【插入】→【同步建模】→【调整面大小】命令，弹出图 2-6-80 所示的【调整面大小】对话框。选择图 2-6-81 所示的 6 个孔表面，完成调整面大小操作。

图 2-6-80 【调整面大小】对话框

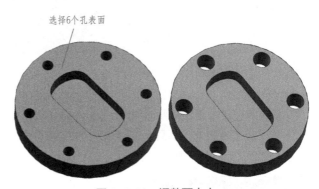

图 2-6-81 调整面大小

（4）【偏置区域】。【偏置区域】命令可以在单个步骤中偏置一组面或一个整体。相邻的圆角面可以有选择地重新生成。执行菜单栏【插入】→【同步建模】→【偏置区域】命令，弹出图 2-6-82 所示的【偏置区域】对话框，选择图 2-6-83 所示的相切面，完成偏置区域操作。

图 2-6-82 【偏置区域】对话框

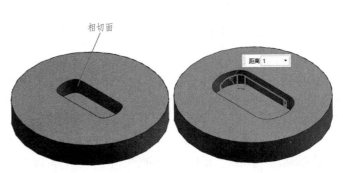

图 2-6-83 偏置区域

（5）【移动面】。【移动面】命令可以实现在体上局部移动面的简单方式。执行菜单栏【插入】→【同步建模】→【移动面】命令，弹出图 2-6-84 所示的【移动面】对话框。选择图 2-6-85 所示的孔表面，完成移动面操作。

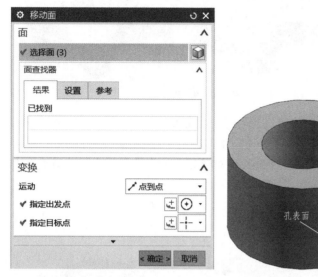

图 2-6-84 【移动面】对话框　　　　　　　图 2-6-85　移动面

3. 镜像特征

镜像特征是通过平面或平面镜像选定特征的方法生成对称模型。执行菜单栏【插入】→【关联复制】→【镜像特征】命令，弹出图 2-6-86 所示的【镜像特征】对话框。选择图 2-6-87 所示的孔特征，完成镜像特征操作。

图 2-6-86 【镜像特征】对话框　　　　　　图 2-6-87　镜像特征

4. 投影视图

投影视图是指国标中所称的向视图，是根据主视图创建的投影正交视图或辅助视图。执行菜单栏【插入】→【视图】→【投影】命令，弹出图 2-6-88 所示的【投影视图】对话框。

【父视图】选项组：以选择父视图为基础，按照一定矢量方向投影生成投影视图。

【铰链线】选项组：系统自动判断矢量方向，也可以定义一个矢量作为投影方向。

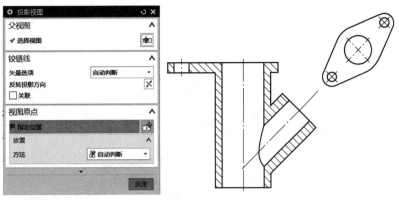

图 2-6-88 【投影视图】对话框及投影视图

5. 局部剖视图

【局部剖视图】是通过移除部件的某个外部区域来查看其部件内部。执行菜单栏【插入】→【视图】→【局部剖】命令，弹出图 2-6-89 所示的【局部剖】对话框。

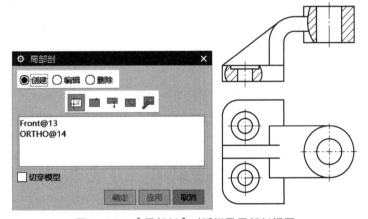

图 2-6-89 【局部剖】对话框及局部剖视图

选择视图：选择要进行局部剖切的视图。

指出基点：确定剖切区域沿拉伸方向开始拉伸的参考点。

指出拉伸矢量：指定拉伸方向。

选择曲线：定义局部剖切视图剖切边界的封闭曲线。

修改边界曲线：用于修改剖切边界点。

切穿模型：勾选该复选框，剖切时完全穿透模型。

【素养提升】

詹氏车钩

詹氏车钩（车厢耦合器），如图 2-6-90 所示。詹氏车钩又名詹尼挂钩，最早是美国工程师詹尼发明的。詹氏车钩的设计理念在于其自动连接的功能，这一设计使火车车厢能够在没有人工干预的情况下自动连接，提高了铁路运输的安全性和效率。詹氏车钩的设计不仅考虑了机械结构的可靠性，还考虑到了操作的便捷性。詹氏车钩的设计和应用反映了当时社会发展的需求，即随着工业化的进程，对于交通工具的要求越来越高，要求有更高的运输效率，同时，也要求有更好的安全性能。詹氏车钩的出现是铁路运输发展中的一次重要创新。

扫二维码查看
詹氏车钩操作
步骤

图 2-6-90　詹氏车钩

詹天佑将詹氏车钩引进中国，并将其应用于铁路建设中，不仅是对技术的传承，也是创新精神的一种体现。在当今社会，仍然需要这种不断探索和创新的精神。

詹氏车钩的模型设计主要由【拉伸】命令完成。在软件中绘制出车钩的基本轮廓草图，使用【拉伸】命令将二维草图转换成三维实体或增加材料到模型中，从而形成车钩的主体部分。

【任务拓展】

如图 2-6-91 所示，完成壳体的三维模型及工程图设计。

【任务评价】

（1）学习了哪些新的知识点？

（2）掌握了哪些新技能点？

（3）对于本次任务的完成情况是否满意？写出课后总结反思。

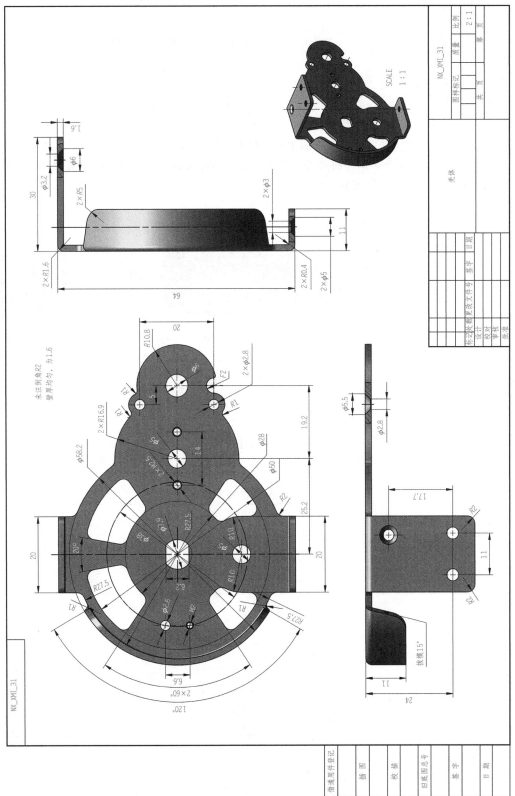

图 2-6-91 壳体零件图

任务 2.7 手柄零件模型及工程图设计

【任务描述】

通过对手柄零件（图 2-7-1）造型及工程图任务的实施，掌握旋转、修剪体、孔（沉头孔）等基本造型特征的创建方法，以及工程图中基本视图（全剖视图）、尺寸标注（线性、直径、半径、角度标注）、文本注释等工具的用法，掌握三维建模的基本技巧。手柄的造型方法对于其他同类零件的造型具有一定的借鉴作用。

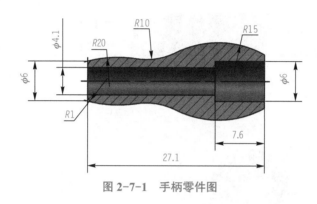

扫二维码观看
视频资源

图 2-7-1 手柄零件图

【任务分析】

通过对图纸的分析，手柄造型主要利用【旋转】命令完成，利用【旋转】命令完成主体部分，再利用【边倒圆】【修剪体】【沉头孔】等命令完成其余部分。具体造型方案设计见表 2-7-1。

表 2-7-1 手柄造型方案设计

创建草图	旋转实体	边倒圆	修剪体	沉头孔

【任务实施】

（1）新建模型文件，命名为"手柄.prt"。

（2）创建旋转特征。执行菜单栏【插入】→【草图】命令，弹出【创建草图】对话框，选择【平面方法】为【现有平面】，单击鼠标选择 X-Y 平面作为草图平面，单击【确定】按钮，进入草图，绘制图 2-7-2 所示的草图。

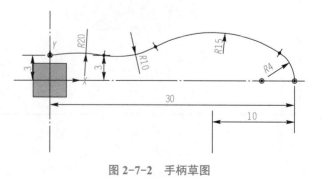

图 2-7-2 手柄草图

执行菜单栏【插入】→【设计特征】→【旋转】命令，弹出【旋转】对话框，选择图 2-7-2 所示的草图作为截面曲线，选择 X 轴为旋转轴，角度为 0°～360°，旋转结果如图 2-7-3 所示。

执行菜单栏【插入】→【细节特征】→【边倒圆】命令，弹出【边倒圆】对话框，选择图 2-7-4 所示的边，输入半径为 1。

图 2-7-3　旋转实体　　　　　　　　　　图 2-7-4　边倒圆

（3）创建修剪体特征。执行菜单栏【插入】→【基准/点】→【基准平面】命令，弹出【基准平面】对话框，创建基准平面，按照图 2-7-5 所示选择【按某一距离】设置基准平面，选择 Z-Y 平面，【距离】设置为 27.1 mm，创建图 2-7-6 所示的基准平面。

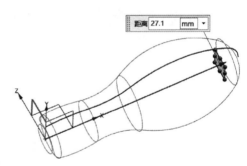

图 2-7-5　【基准平面】对话框　　　　　　图 2-7-6　基准平面

执行菜单栏【插入】→【修剪】→【修剪体】命令，弹出【修剪体】对话框，选择手柄作为目标体，选择图 2-7-6 所示基准平面作为工具体，结果如图 2-7-7 所示。

图 2-7-7　裁剪体

（4）创建孔特征。执行菜单栏【插入】→【设计特征】→【孔】命令，弹出【孔】对话框，按照图 2-7-8 所示设置参数，选择裁剪面后的圆中心，生成结果如图 2-7-9 所示。

图 2-7-8 【孔】对话框

图 2-7-9 手柄模型

（5）选择【新建】命令，弹出图 2-7-10 所示的【新建】对话框，选择【图纸】选项卡，然后选择 A4 图纸，输入名称【手柄】，单击【确定】按钮，进入制图环境。

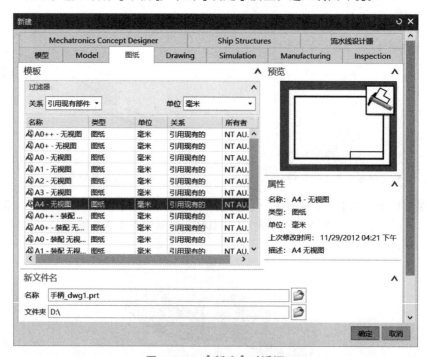

图 2-7-10 【新建】对话框

（6）创建全剖视图。执行菜单栏【插入】→【视图】→【基本】命令，弹出【基本视图】对话框，设置【模型视图】为【俯视图】，【比例】设置为【2:1】，放置视图在合适位置，结果如图 2-7-11 所示。

在图 2-7-11 所示的俯视图上单击鼠标右键，弹出图 2-6-46 所示的快捷菜单，在快捷菜单中选择【展开】命令，进入【展开视图】界面，执行菜单栏【插入】→【曲线】→【艺术样条】命令，弹出图 2-6-51 所示的对话框，勾选【封闭】复选框，绘制图 2-7-12 所示的艺术样条，单击【确定】按钮。在绘图区域单击鼠标右键，弹出图 2-6-53 所示的快捷菜单，在快捷菜单中选择【扩大】命令，返回绘图区域。

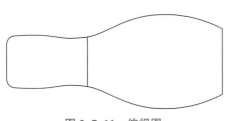

图 2-7-11　俯视图

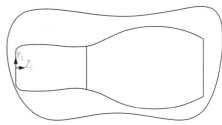

图 2-7-12　艺术样条

执行菜单栏【插入】→【视图】→【局部剖】命令，弹出图 2-6-54 所示的【局部剖】对话框，选中【俯视图】，视图自动切换到指定基点状态，如图 2-6-55 所示。

选择图 2-7-13 所示仰视图中孔中心位置作为剖切点位置，单击鼠标中键确认，对话框切换到选择边界状态，选择已创建的艺术样条曲线作为局部剖切边，单击【应用】按钮，完成图 2-7-14 所示的剖视图。

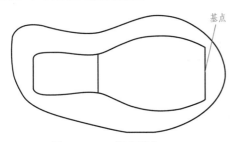

图 2-7-13　指定基点

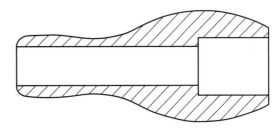

图 2-7-14　剖视图

（7）创建辅助线。执行菜单栏【插入】→【中心线】→【2D 中心线】命令，弹出图 2-7-15 所示的【2D 中心线】对话框，选择沉头孔两端圆心位置，完成图 2-7-16 所示的中心线。

图 2-7-15　【2D 中心线】对话框

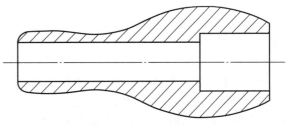

图 2-7-16　中心线

执行菜单栏【插入】→【注释】→【相交符号】命令，弹出图 2-7-17 所示的【相交符号】对话框，选择图 2-7-18 所示的边 1、边 2，同理完成另一侧相交符号，结果如图 2-7-19 所示。

图 2-7-17 【相交符号】对话框

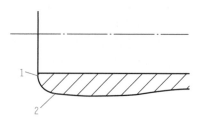

图 2-7-18 选边示意

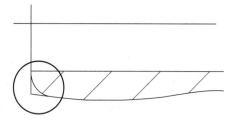

图 2-7-19 相交符号

（8）标注尺寸。执行菜单栏【插入】→【尺寸】→【快速】命令，弹出【快速尺寸】对话框，标注图 2-7-20 所示的手柄尺寸。

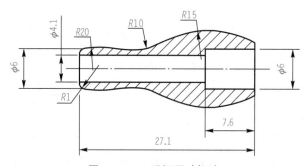

图 2-7-20 手柄尺寸标注

（9）文本注释。执行菜单栏【插入】→【注释】→【注释】命令，弹出【注释】对话框，在文本框中输入"未注圆角 R0.2"，放置在合适位置，结果如图 2-7-21 所示。

未注圆角R0.2

图 2-7-21 文本注释

（10）标题栏填写。执行菜单栏【格式】→【图层设置】命令，弹出图 2-3-28 所示的【图层设置】对话框，勾选【170】层，单击【图纸名称】文本框，输入【图纸名称】为"手柄"，单击【手柄】，将字体变为高亮，执行菜单栏【编辑】→【设置】命令，弹出【设置】对话框，设置字体【高度】为【8】，【字体】为"仿宋"。

单击【比例】文本框，输入【比例】为【2∶1】。单击【2∶1】，将字体变为高亮，设置字体【高度】为【3.5】；单击【单位名称】文本框，输入【单位名称】为"山西机电职业技术学院"，设置字体【高度】为【5】，结果如图 2-7-22 所示。

					手柄		图样标记	质量	比例
									2:1
标记	处数	更改文件号	签字	日期			共 页	第 页	
设计									
校对						山西机电职业技术学院			
审核									
批准									

图 2-7-22 标题栏

【相关知识】

1. 旋转

通过绕给定的轴以非零角度旋转截面生成一个特征。执行菜单栏【插入】→【设计特征】→【旋转】命令，弹出图 2-7-23 所示的【旋转】对话框。

（1）截面。截面是指要旋转的曲线或边，可以选择曲线、草图或面的边缘进行旋转，也可以进入草图，创建草图截面作为旋转截面。

（2）轴。

1）指定矢量：指定旋转轴的矢量方向。

2）指定点：通过指定旋转轴上的一点确定旋转轴的具体位置。

3）反向：反转轴与旋转方向。

（3）限制。

1）开始/结束：指定旋转方向的开始/结束角度。最大角度不能超过 360°。

2）直至选定：通过指定对象确定旋转的起始角度或结束角度，所创建的实体绕旋转轴接于选定表面。

图 2-7-23 【旋转】对话框

（4）布尔。在创建旋转特征时，可以与存在的实体进行布尔运算。

1）无：不向旋转截面添加任何偏置，如图 2-7-24 所示。

2）两侧：向旋转截面的两侧添加偏置，如图 2-7-25 所示。

图 2-7-24 【无】偏置

图 2-7-25 【两侧】偏置

2. 修剪体

【修剪体】命令可以使用一个面或基准平面修剪一个或多个目标体。执行菜单栏【插入】→【修剪】→【修剪体】命令，弹出图 2-7-26 所示的【修剪体】对话框。选择图 2-7-27 所示的圆锥体及平面，完成修剪体。

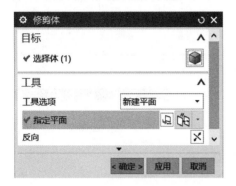

图 2-7-26 【修剪体】对话框

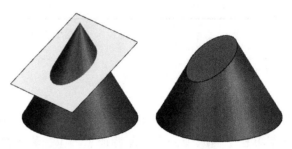

图 2-7-27 修剪体

3. 孔

孔是常用的特征之一。可以通过【简单孔】【沉头孔】【埋头孔】和【锥孔】选项向部件或装配中的一个或多个实体添加孔。执行菜单栏【插入】→【设计特征】→【孔】命令，弹出图 2-7-28 所示的【孔】对话框。

图 2-7-28 【孔】对话框

（1）【简单孔】。创建具有指定直径、深度和顶锥角的简单孔，如图 2-7-29 所示。

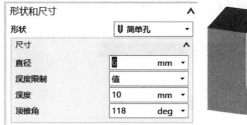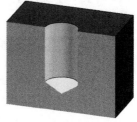

图 2-7-29　简单孔

（2）【沉头孔】。创建具有指定直径、深度、顶锥角、沉头直径和沉头深度的沉头孔，如图 2-7-30 所示。

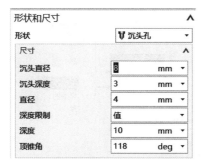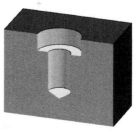

图 2-7-30　沉头孔

（3）【埋头孔】。创建具有指定直径、深度、顶锥角、埋头直径和埋头角度的埋头孔，如图 2-7-31 所示。

图 2-7-31　埋头孔

（4）【锥孔】。创建具有指定锥角和直径的锥孔，如图 2-7-32 所示。

图 2-7-32　锥孔

4. 视图相关编辑

执行菜单栏【插入】→【视图】→【视图相关编辑】命令，弹出图 2-7-33 所示的【视图相关编辑】对话框。

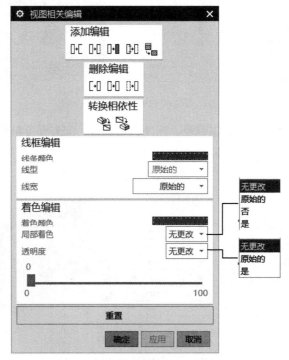

图 2-7-33 【视图相关编辑】对话框

（1）添加编辑。

擦除对象：擦除在视图中选取的对象，如曲线、边等。

编辑完整对象：编辑所选整个对象的显示方式，包括颜色、线型和线宽。

编辑着色对象：用于控制成员视图中对象的局部着色和透明度。

编辑对象段：编辑部分对象的显示方式。

编辑剖视图背景：编辑剖视图的背景线。

（2）删除编辑。

删除选定的擦除：恢复先前被擦除的对象。

删除选定的编辑：恢复部分编辑对象在原视图的显示方式。

删除所有编辑：恢复所有编辑对象在原视图的显示方式。

（3）转换相依性。

模型转换到视图：转换模型中单独存在的对象到指定视图中，且对象只出现在该视图中。

视图转换到模型：转换视图中单独存在的对象到模型视图中。

（4）线框编辑。

1）线条颜色：设置选定对象的颜色。

2）线型：设置选定对象的线型。

3）线宽：设置几何对象的线宽。

（5）着色编辑。

1）着色颜色：用于从【颜色】对话框中选择着色颜色。

2）局部着色。

①无更改：有关此选项的所有现有编辑将保持不变。

②原始的：移除有关此选项的所有编辑，将对象恢复到原先的设置。

③否：从选定的对象中禁用此编辑设置。

④是：将局部着色应用于选定的对象。

3）透明度。

①无更改：保留当前视图的透明度。

②原始的：移除有关此选项的所有编辑，将对象恢复到原先的设置。

③是：允许使用滑块来定义选定对象的透明度。

【素养提升】

鼓凳

鼓凳（图 2-7-34）是中国传统家具——凳具家族中最富有个性的坐具，圆形，腹部大，上大下小，其造型尤似古代的鼓，故又称鼓墩。鼓凳为凳子中的佼佼者，不仅灵秀，而且富丽。鼓凳作为中国古代传统家具的代表之一，其设计和制作体现了中国古代人的智慧和创造力。在古代，工匠们凭借丰富的经验和精湛的技艺，将简单的材料转化为实用且美观的家具，展现了他们的智慧和才能。鼓凳的设计注重实用性和舒适性，座面呈圆形或腰圆形，四周向外翻出，使坐感更加舒适，设计方法体现了工匠们对细节的关注和追求。传统的鼓凳通常采用木材作为主要材料，通过精细的木工技术进行加工和雕刻。工匠们将木材雕刻成各种形状和图案，展现出高超的技艺和创造力。

图 2-7-34　鼓凳

鼓凳的模型设计：首先，在软件中绘制鼓凳的横截面轮廓；其次，使用【旋转】命令将其围绕一条垂直轴线旋转 360°，形成一个圆柱形或腰圆柱形的实体；再次，使用其他建模命令（如【拉伸】【扫掠】等）来添加凸起的装饰或边缘的细节；最后，对鼓凳模型进行渲染和展示，以便更好地展示其设计和特点。

扫二维码查看
鼓凳操作步骤

【任务拓展】

1. 完成图 2-7-35 所示半轴的模型设计及工程图设计。

2. 完成图 2-7-36 所示堵头的模型设计及工程图设计，未注圆角 $R0.2$。

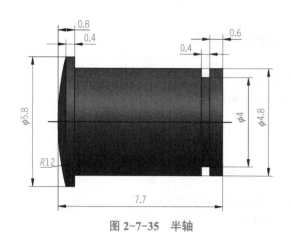

图 2-7-35 半轴

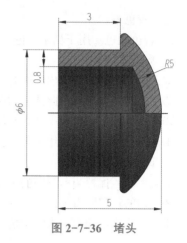

图 2-7-36 堵头

【任务评价】

（1）学习了哪些新的知识点？

（2）掌握了哪些新技能点？

（3）对于本次任务的完成情况是否满意？写出课后总结反思。

任务2.8　转轴模型及工程图设计

【任务描述】

通过对转轴零件（图2-8-1）造型及工程图任务的实施，掌握旋转、矩形键槽、孔（螺纹孔）等基本造型特征的创建方法，以及工程图中基本视图（向视图）、尺寸标注（线性、直径、半径、倒角、螺纹标注）等工具的用法，掌握三维建模及创建工程图的基本技巧。

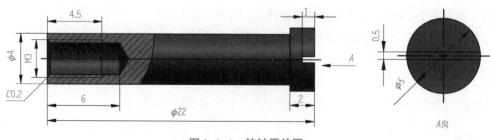

图 2-8-1　转轴零件图

【任务分析】

通过对零件图纸的分析，转轴造型主要利用【旋转】命令完成，利用【旋转】命令完成主体部分，再利用矩形键槽、螺纹孔等命令完成其余部分。具体造型方案设计见表2-8-1。

表2-8-1 转轴零件造型方案设计

创建草图	旋转实体	矩形键槽	螺纹孔

【任务实施】

（1）新建模型文件，命名为"转轴.prt"。

（2）绘制草图。单击【草图】按钮，弹出【创建草图】对话框，选择【平面方法】为【现有平面】，单击鼠标选择X-Y平面作为草图平面，单击【确定】按钮，进入草图，绘制图2-8-2所示的草图，单击【完成草图】按钮，完成草图绘制。

（3）旋转实体。单击【旋转】按钮，弹出【旋转】对话框，选择图2-8-2所示的草图为截面，设置【旋转轴】为【+XC】轴，旋转角度：【起始】选项选择【值】，【角度】输入【0】；【终止】选项选择【值】，【角度】输入【360】，结果如图2-8-3所示。

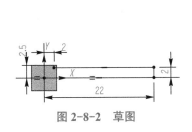

图2-8-2 草图

图2-8-3 旋转实体

（4）矩形键槽。执行菜单栏【插入】→【设计特征】→【键槽】命令，弹出图2-8-4所示的【键槽】对话框，选择【矩形槽】，勾选【通槽】复选框，单击【确定】按钮，弹出图2-8-5所示的【矩形键槽】对话框，按照状态栏提示【选择放置面】，选择图2-8-6所示的放置面。

图2-8-4 【键槽】对话框

图2-8-5 【矩形键槽】对话框

图2-8-6 放置面

根据状态栏提示选择【起始通过面】【终止通过面】，分别单击鼠标选择短圆柱面的两侧圆柱面位置，弹出图 2-8-7 所示的【矩形键槽】对话框，按图输入【宽度】和【深度】的值，单击【确定】按钮，弹出【定位】对话框，选择图 2-8-8 所示的定位方式。

图 2-8-7 【矩形键槽】对话框

图 2-8-8 【定位】对话框

单击鼠标选择【Y轴】为【目标边】，选择图 2-8-9 所示的槽中心线为【工具边】，结果如图 2-8-10 所示。

图 2-8-9 槽中心线

图 2-8-10 矩形键槽

（5）螺纹孔。单击【孔】按钮，弹出【孔】对话框，按照图 2-8-11 所示设置相应参数，选择尾部圆柱中心作为孔的位置，结果如图 2-8-12 所示。

图 2-8-11 【孔】对话框

图 2-8-12 转轴模型

（6）执行【新建】命令，弹出图 2-8-13 所示的【新建】对话框，选择【图纸】选项卡，选择 A4 图纸，在【新文件名】的【名称】文本框中输入【转轴】，单击【确定】按钮，进入制图环境。

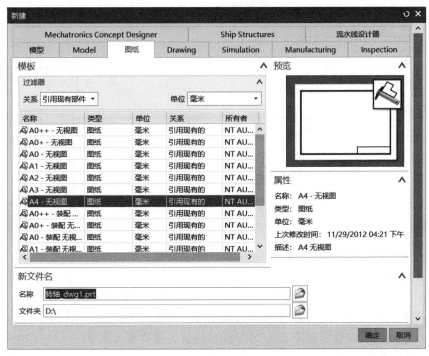

图 2-8-13 【新建】对话框

（7）创建视图。执行菜单栏【插入】→【视图】→【基本】命令，弹出【基本视图】对话框，设置【模型视图】为【前视图】，【比例】为【5：1】，放置视图在合适位置，结果如图 2-8-14 所示。

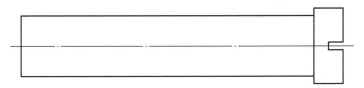

图 2-8-14 前视图

在图 2-8-14 所示的前视图中单击鼠标右键，弹出图 2-6-46 所示的快捷菜单，执行【展开】命令，进入【展开视图】界面，执行菜单栏【插入】→【曲线】→【艺术样条】命令，弹出图 2-6-51 所示的【艺术样条】对话框，勾选【封闭】复选框，绘制图 2-8-15 所示的艺术样条，单击【确定】按钮。在绘图区域单击鼠标右键，弹出图 2-6-53 所示的快捷菜单，执行【扩大】命令，返回绘图区域。

执行菜单栏【插入】→【视图】→【局部剖】命令，弹出图 2-6-54 所示的【局部剖】对话框，选中【前视图】，视图自动切换到指定基点状态，如图 2-6-55 所示。

选择图 2-8-16 所示仰视图中孔中心位置作为剖切点位置，单击鼠标中键确认，对话框切换到选择边界状态，选择已创建的艺术样条曲线作为局部剖切边，单击【应用】按钮，完成图 2-8-17 所示的局部剖视图。

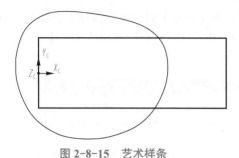

图 2-8-15　艺术样条

图 2-8-16　指定基点

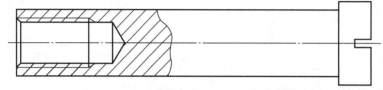

图 2-8-17　局部剖视图

执行菜单栏【插入】→【视图】→【投影】命令，选择图 2-8-17 所示的局部剖视图，向右拖动放置，再选中视图调整至局部剖视图下方，完成图 2-8-18 所示的向视图。

（8）输入注释文本。执行菜单栏【插入】→【注释】→【注释】命令，弹出图 2-8-19 所示的【注释】对话框，选择【指引线】终止位置，输入文本【A】，放置在图 2-8-20 所示的位置。继续输入文本【A 向】，结果如图 2-8-21 所示。

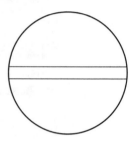

图 2-8-18　向视图

图 2-8-19　【注释】对话框

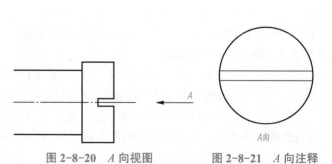

图 2-8-20　A 向视图　　　　图 2-8-21　A 向注释

（9）标注尺寸。执行菜单栏【插入】→【尺寸】→【快速】命令，弹出【快速尺寸】对话框，标注图 2-8-22 所示的局部剖视图尺寸，继续标注图 2-8-23 所示的向视图尺寸。

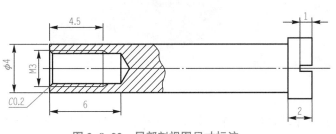

图 2-8-22　局部剖视图尺寸标注　　　　图 2-8-23　向视图尺寸标注

（10）标题栏填写。执行菜单栏【格式】→【图层设置】命令，弹出图 2-3-28 所示的【图层设置】对话框，勾选【170】层，单击【图纸名称】文本框，输入【图纸名称】为"转轴"，单击【转轴】，将字体变为高亮，执行菜单栏【编辑】→【设置】命令，弹出【设置】对话框，设置【字体高度】为【8】，【字体】为"仿宋"。

单击【比例】文本框，输入【比例】为【2∶1】。单击【2∶1】，将字体变为高亮，设置【字体高度】为【3.5】；单击【单位名称】文本框，输入【单位名称】为"山西机电职业技术学院"，设置【字体高度】为【5】，结果如图 2-8-24 所示。

					转 轴				
							图样标记	质量	比例
									2∶1
标记	处数	更改文件号	签字	日期					
设计							共　页		第　页
校对									
审核					山西机电职业技术学院				
批准									

图 2-8-24　标题栏

【相关知识】

1. 键槽

使用【键槽】命令可以满足建模过程中各种键槽的创建要求。执行菜单栏【插入】→【设计特征】→【键槽】命令，弹出图 2-8-25 所示的【键槽】对话框。

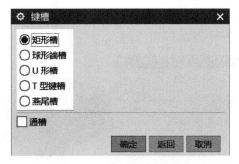

图 2-8-25　【键槽】对话框

（1）【矩形槽】。创建一个指定【长度】【宽度】和【深度】的矩形键槽，如图 2-8-26 所示。

图 2-8-26　矩形键槽

（2）【球形端槽】。创建一个指定【球直径】【深度】和【长度】的球形端槽，如图 2-8-27 所示。

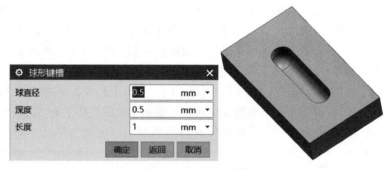

图 2-8-27　球形端槽

（3）【U 形槽】。创建一个指定【宽度】【深度】【拐角半径】和【长度】的 U 形槽，如图 2-8-28 所示。

图 2-8-28　U 形槽

（4）【T 形键槽】。创建一个指定【顶部宽度】【顶部深度】【底部宽度】【底部深度】和【长度】的 T 形键槽，如图 2-8-29 所示。

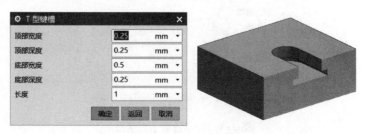

图 2-8-29　T 形键槽

（5）【燕尾槽】。创建一个指定【宽度】【深度】【角度】和【长度】的燕尾槽，如图 2-8-30 所示。

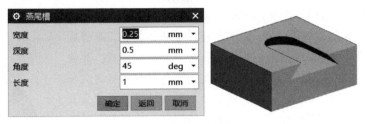

图 2-8-30　燕尾槽

2．螺纹孔

创建螺纹孔，尺寸标注由标准、螺纹尺寸和径向进刀定义，如图 2-8-31 所示。

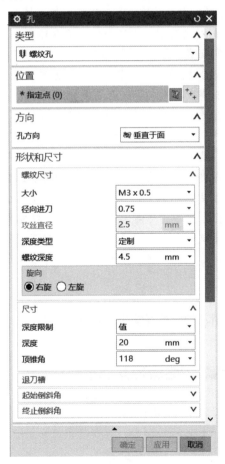

图 2-8-31　螺纹孔

（1）大小：指定螺纹尺寸的大小。

（2）径向进刀：选择径向进刀百分比，用于计算丝锥直径值的近似百分比。

（3）攻丝直径：指定丝锥的直径。

（4）旋向：指定螺纹为右旋（顺时针方向）或左旋（逆时针方向）。

尖底瓶

尖底瓶（图2-8-32），是流行于我国新石器时代仰韶文化中的一种陶器。这种陶器为小口细颈、斜肩鼓腹、瘦长体尖底、腹部有对称双耳，也可称为小口尖底瓶。尖底瓶作为一种古代陶器，其独特的设计和形态本身蕴含着一种平衡与稳定的智慧。尖底瓶的尖底设计，在汲水时能够轻松插入水中，而瓶身的稳定性需要在水量适中的情况下才能得以保持。这与"虚则敧、中则正、满则覆"哲理相吻合。

"虚则敧"意味着当尖底瓶内没有水或水量过少时，瓶子由于重心不稳而容易倾斜。这反映了事物在空虚或不足状态下的不稳定性。"中则正"则描述了当尖底瓶内水量适中时，瓶子能够保持竖直

图 2-8-32　尖底瓶

和稳定的状态。这正如同人们在生活中，当自身的知识和能力达到一定的平衡和适中时，才能够保持稳健和正直。"满则覆"则警示我们，当尖底瓶内水量过多，达到或超过其承载能力时，瓶子会因为重心过高而倾覆。这同样适用于人生哲理，告诫我们不可过于自满和骄傲，否则会导致失败和倾覆。

扫二维码查看尖底瓶操作步骤

尖底瓶体现了平衡、稳定和适中的智慧。这种智慧不仅体现在古代陶器的设计中，还贯穿于日常生活和人生哲理中。通过理解和运用这种智慧，可以更好地把握生活的平衡，实现个人的稳健发展。我们应该学习尖底瓶所体现的这种平衡、稳定和适中的智慧。在学习上，要努力寻求知识的深度与广度的平衡，实现全面发展；在工作上，要追求事业与生活的平衡，保持身心健康；在生活上，要注重物质与精神的平衡，追求内心的满足和幸福。通过不断地学习和实践，更好地把握生活的平衡，实现个人的稳健发展。

尖底瓶的模型主要使用【旋转】指令完成，先绘制出尖底瓶的横截面轮廓，旋转后生成尖底瓶的形状。在完成模型设计后，进行渲染和展示，以更好地展示尖底瓶的设计和特点。

【任务拓展】

1. 完成图2-8-33所示滑动轴的模型设计及工程图设计。

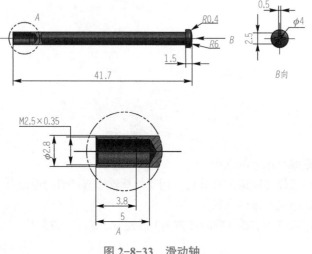

图 2-8-33　滑动轴

2. 完成图 2-8-34 所示锁紧轴的模型设计。

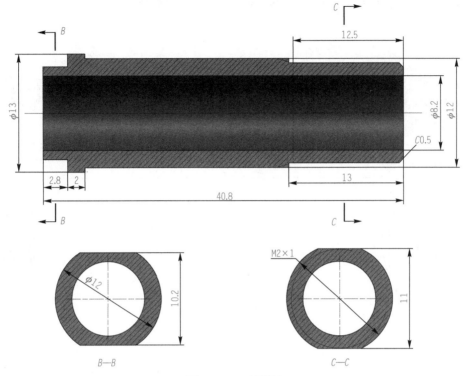

图 2-8-34　锁紧轴

【任务评价】

（1）学习了哪些新的知识点？

（2）掌握了哪些新技能点？

（3）对于本次任务的完成情况是否满意？写出课后总结反思。

任务 2.9　固定轴模型及工程图设计

【任务描述】

通过对固定轴零件（图 2-9-1）造型及工程图任务的实施，掌握基本体素（圆柱体）、槽、键槽、孔（螺纹孔）等基本造型特征的创建方法，以及工程图中基本视图（全剖视图、局部剖视图)、尺寸标注（线性、直径、半径、倒角、螺纹标注）等工具的用法，掌握三维建模的基本技巧。固定轴的造型方法对于其他同类零件的造型具有一定的借鉴作用。

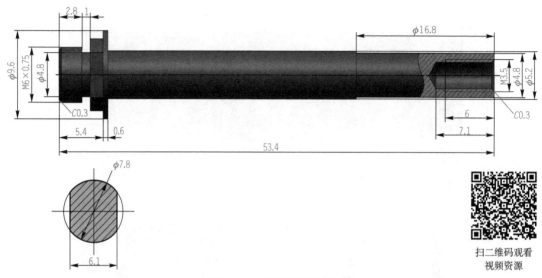

图 2-9-1　固定轴零件图

扫二维码观看
视频资源

【任务分析】

通过对零件图纸的分析，固定轴造型可以利用【旋转】命令完成，也可以利用体素指令完成主体部分，再利用倒角、槽、矩形键槽、螺纹孔等命令完成其余部分。具体造型方案设计见表 2-9-1。

表 2-9-1　固定轴零件造型方案设计

体素 – 圆柱体 1	体素 – 圆柱体 2	体素 – 圆柱体 3	体素 – 圆柱体 4

体素 – 圆柱体 5	倒角、槽、矩形键槽操作	螺纹孔

【任务实施】

（1）新建模型文件，命名为"固定轴 .prt"。

（2）创建圆柱。执行菜单栏【插入】→【设计特征】→【圆柱】命令，弹出图 2-9-2 所示

114

的【圆柱】对话框，按图纸输入【直径】为【6 mm】，【高度】为【3.8 mm】，【指定矢量】为【X轴】，【布尔】运算为【无】，生成结果如图2-9-3所示。

图2-9-2 【圆柱】对话框

图2-9-3 轴（第一段）

继续选择【圆柱】命令，弹出图2-9-4所示的【圆柱】对话框，按图纸输入【直径】为【7.8 mm】，【高度】为【5.4-3.8 mm】，【指定矢量】为【X轴】，【指定点】为圆柱右端面的圆心，【布尔】运算为【求和】，生成结果如图2-9-5所示。

图2-9-4 【圆柱】对话框

图2-9-5 轴（第二段）

继续执行【圆柱】命令，弹出图2-9-6所示的【圆柱】对话框，按图纸输入【直径】为【9.6 mm】，【高度】为【0.6 mm】，【指定矢量】为【X轴】，【指定点】为圆柱右端面的圆心，【布尔】运算为【求和】，生成结果如图2-9-7所示。

图 2-9-6 【圆柱】对话框

图 2-9-7　轴（第三段）

继续执行【圆柱】命令，弹出图 2-9-8 所示的【圆柱】对话框，按图纸输入【直径】为【5.2 mm】，【高度】为【53.4-5.4-0.6-16.8 mm】，【指定矢量】为【X 轴】，【指定点】为圆柱右端面的圆心，【布尔】运算为【求和】，生成结果如图 2-9-9 所示。

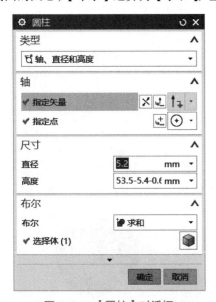

图 2-9-8 【圆柱】对话框

图 2-9-9　轴（第四段）

继续执行【圆柱】命令，弹出图 2-9-10 所示的【圆柱】对话框，按图纸输入【直径】为【4.8 mm】，【高度】为【16.8 mm】，【指定矢量】为【X 轴】，【指定点】为圆柱右端面的圆心，【布尔】运算为【求和】，生成结果如图 2-9-11 所示。

图 2-9-10 【圆柱】对话框

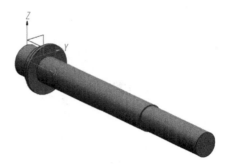

图 2-9-11 轴（第五段）

（3）倒角。对轴端部进行倒角操作，倒角为 0.3，结果如图 2-9-12 所示。

图 2-9-12 倒角

（4）创建环形槽。执行【插入】→【设计特征】→【槽】命令，弹出图 2-9-13 所示的【槽】对话框，选择【矩形】，选择放置面为第一段圆柱面，生成图 2-9-14 所示的【矩形槽】对话框，输入【槽直径】为【4.8 mm】，【宽度】为【1 mm】。选择目标边为第二段圆柱的端面圆，刀具边为槽的圆柱右边的圆，输入距离为 0，生成的环形槽如图 2-9-15 所示。

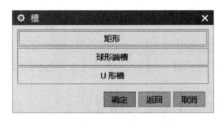

图 2-9-13 【槽】对话框

图 2-9-14 【矩形槽】对话框

图 2-9-15 环形槽

117

（5）创建轴的平面部分。首先创建基准平面，执行菜单栏【插入】→【基准 / 点】→【基准平面】命令，弹出【基准平面】对话框，如图 2-9-16 所示，选择【按某一距离】设置基准平面，选择 X-Y 平面，输入【距离】为【6.1/2 mm】，创建图 2-9-17 所示的基准平面。

图 2-9-16 【基准平面】对话框 　　　　　　　　　图 2-9-17 基准平面

执行菜单栏【插入】→【设计特征】→【键槽】命令，弹出图 2-9-18 所示的【键槽】对话框，选择【矩形槽】，勾选【通槽】复选框，选择图 2-9-17 所示的基准平面作为放置面，继续选择 Y 轴为水平参考，选择第二段轴的上半部分表面为【起始通过面】，选择第二段轴的下半部分表面为【终止通过面】，弹出图 2-9-19 所示的【矩形键槽】对话框，输入【宽度】为【1.6 mm】，【深度】为【10 mm】，单击【确定】按钮，弹出【定位】对话框。

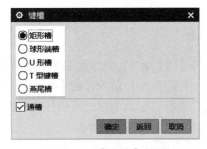

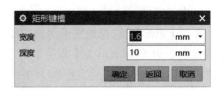

图 2-9-18 【键槽】对话框 　　　　　　　　　图 2-9-19 【矩形键槽】对话框

在图 2-8-8 所示的【定位】对话框中选择【竖直定位】方式，选择第三段圆柱靠近端面的圆，选择【圆心】，继续选择槽下方和 Y 轴平行的虚线，输入【距离】为【0.8 mm】，结果如图 2-9-20 所示。

执行菜单栏【插入】→【关联复制】→【镜像特征】命令，弹出【镜像特征】对话框，将图 2-9-20 所示的特征镜像操作，结果如图 2-9-21 所示。

图 2-9-20 轴的平面部分 　　　　　　　　　图 2-9-21 镜像特征

（6）创建孔和内螺纹。执行菜单栏【插入】→【设计特征】→【孔】命令，弹出【孔】对话框，选择轴端部中心位置作为孔的位置，参数设置如图 2-9-22 所示，结果如图 2-9-23 所示。

图 2-9-22 【孔】对话框

图 2-9-23 孔

执行菜单栏【插入】→【设计特征】→【螺纹】命令，弹出【螺纹】对话框，按照图 2-9-24 所示的参数进行设置，选择图 2-9-23 所示孔的内表面，选择端面作为起始面，生成实体如图 2-9-25 所示。

最终结果如图 2-9-26 所示。

图 2-9-24 【螺纹】对话框

图 2-9-25 螺纹

图 2-9-26 固定轴

119

（7）保存文件。

（8）执行【新建】命令，弹出图2-9-27所示的【新建】对话框，选择【图纸】选项卡，选择A3图纸，输入名称为"固定轴"，单击【确定】按钮，进入制图环境。

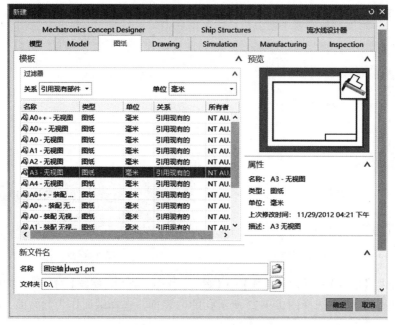

图2-9-27 【新建】对话框

（9）创建视图。首先，创建局部剖视图，执行菜单栏【插入】→【视图】→【基本】命令，弹出【基本视图】对话框，设置【模型视图】为【俯视图】，【比例】为【5∶1】，放置视图在合适位置，结果如图2-9-28所示。

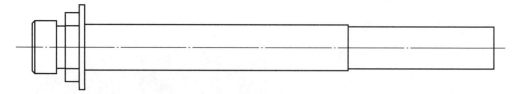

图2-9-28 俯视图

在图2-9-28所示俯视图上单击鼠标右键，弹出图2-6-46所示的快捷菜单，在快捷菜单中选择【展开】命令，进入【展开视图】界面，执行【插入】→【曲线】→【艺术样条】命令，弹出图2-6-51所示的【艺术样条】对话框，勾选【封闭】复选框，绘制图2-9-29所示的艺术样条曲线，单击【确定】按钮。在绘图区域单击鼠标右键，弹出图2-6-53所示的快捷菜单，在快捷菜单中选择【扩大】命令，返回绘图区域。

执行菜单栏【插入】→【视图】→【局部剖】命令，弹出图2-6-54所示的【局部剖】对话框，选中【前视图】，视图自动切换到指定基点状态，如图2-6-55所示。

选择图2-9-30所示俯视图中孔中心位置作为剖切点位置，单击鼠标中键确认，对话框切换到选择边界状态，选择已创建的艺术样条曲线作为局部剖切边，单击【应用】按钮，完成图2-9-31所示的局部剖视图。

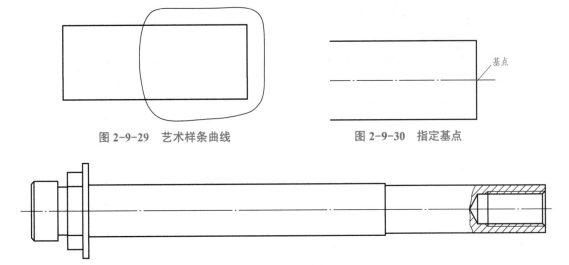

图 2-9-29　艺术样条曲线　　　　　　　　　图 2-9-30　指定基点

图 2-9-31　局部剖视图

其次，创建全剖视图，执行菜单栏【插入】→【视图】→
【剖视图】命令，弹出图 2-9-32 所示的【剖视图】对话框，选择
图 2-9-33 所示的截面位置，拖动鼠标光标向左放置剖视图，重
新调整视图，结果如图 2-9-34 所示。

（10）标注尺寸。执行菜单栏【插入】→【尺寸】→【快速】
命令，弹出【快速尺寸】对话框，标注图 2-9-35 所示的局部剖
视图尺寸，继续标注图 2-9-36 所示的向视图尺寸。

图 2-9-32　【剖视图】对话框

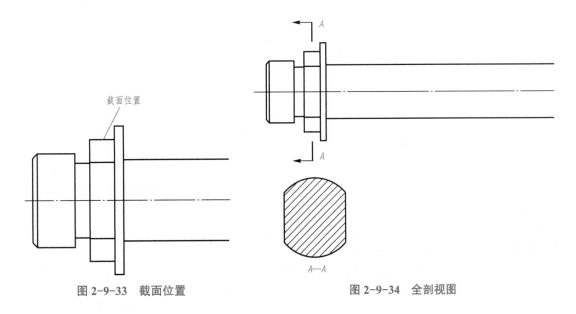

图 2-9-33　截面位置　　　　　　　　图 2-9-34　全剖视图

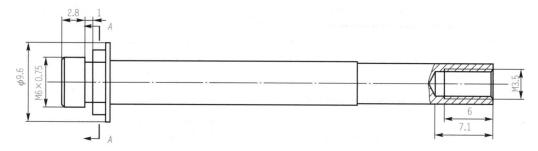

图 2-9-35　局部剖视图尺寸标注

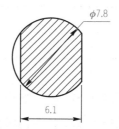

图 2-9-36　向视图尺寸标注

（11）标题栏填写。执行菜单栏【格式】→【图层设置】命令，弹出图 2-3-28 所示的【图层设置】对话框，勾选【170】层，单击【图纸名称】文本框，输入【图纸名称】为"固定轴"，单击【固定轴】，将字体变为高亮，执行菜单栏【编辑】→【设置】命令，弹出【设置】对话框，设置【字体高度】为【8】,【字体】为"仿宋"。

单击【比例】文本框，输入【比例】为【2∶1】。单击【2∶1】，将字体变为高亮，设置【字体高度】为【3.5】;单击【单位名称】文本框，输入【单位名称】为"山西机电职业技术学院"，设置【字体高度】为【5】，结果如图 2-9-37 所示。

标记	处数	更改文件号	签字	日期	固定轴					
						图样标记		质量	比例	
									2∶1	
设计						共　页		第　页		
校对										
审核					山西机电职业技术学院					
批准										

图 2-9-37　标题栏

【相关知识】

1. 槽

使用【槽】命令可以在圆柱体或锥体上创建一个外沟槽或内沟槽。执行菜单栏【插入】→【设计特征】→【槽】命令，弹出图 2-9-38 所示的【槽】对话框。

（1）矩形槽。矩形槽是创建在周围保留尖角的槽，如图 2-9-39 所示。

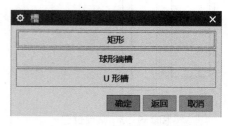

图 2-9-38　【槽】对话框

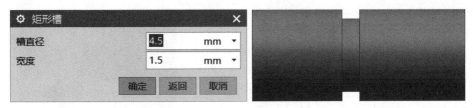

图 2-9-39　矩形槽

（2）球形端槽。球形端槽是创建在底部留有完整半圆的槽，如图 2-9-40 所示。

图 2-9-40　球形端槽

（3）U 形槽。U 形槽是创建在拐角处保留半径的槽，如图 2-9-41 所示。

图 2-9-41　U 形槽

2. 视图着色

在工程图环境中可以进行视图着色的设置，执行菜单栏【编辑】→【设置】命令，弹出图 2-9-42 所示的【设置】对话框，完成图 2-9-43 所示视图的着色。

图 2-9-42　【设置】对话框

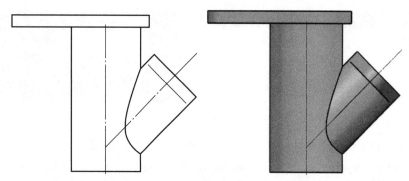

图 2-9-43　视图的着色

选项说明如下：

（1）可见的线框颜色：指定视图中可见边线的颜色。

（2）隐藏的线框颜色：指定视图中隐藏边线的颜色。

（3）着色切割面颜色：指定视图中切割后截面的颜色。

（4）着色公差：指定着色的公差。

【素养提升】

陀螺仪

陀螺仪（图 2-9-44）是一种测量和维持角动量、角速度或方向的装置，广泛应用于航空、航海、宇宙探测等领域。陀螺仪的精密制造和调试要求极高的工艺水平，要对技术精益求精。陀螺仪在制造过程中，要追求每一个细节的完美，确保每个零件都达到最高的精度标准，以满足陀螺仪高性能的要求。

陀螺仪的模型设计，主要利用 UG NX 中的【旋转】命令，陀螺仪由高速旋转的刚体组成，围绕一个或多个轴旋转，具有定轴性和进动性。在 UG NX 中创建草图，绘制出陀螺仪的横截面轮廓，作为【旋转】命令的基础，选择绘制好的二维草图轮廓，使用【旋转】命令将其围绕选定的轴线旋转 360°，生成三维实体模型。

扫二维码观看陀螺仪操作步骤

图 2-9-44　陀螺仪模型

【任务拓展】

1. 完成图 2-9-45 所示端盖的模型设计及工程图设计。

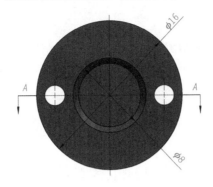

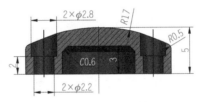

图 2-9-45　端盖零件图

2. 完成图 2-9-46 所示齿轮轴的模型设计及工程图设计。

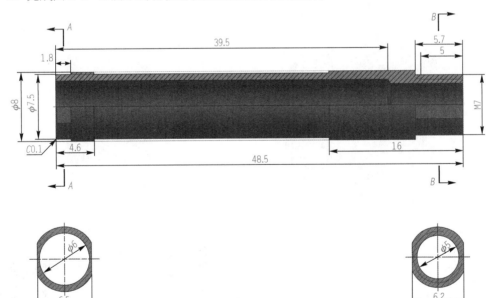

图 2-9-46　齿轮轴零件图

【任务评价】

（1）学习了哪些新的知识点？

（2）掌握了哪些新技能点？

（3）对于本次任务的完成情况是否满意？写出课后总结反思。

任务 2.10　线杯的模型及工程图设计

【任务描述】

通过对线杯零件（图 2-10-1）造型及工程图任务的实施，掌握阵列特征、球形端槽、阵列面（线性）等基本造型特征的创建方法，以及工程图中局部放大图、全剖视图、尺寸标注（线性、直径、半径、倒角、螺纹标注）等工具的用法，掌握三维建模的基本技巧。线杯零件的造型方法对于其他同类零件的造型具有一定的借鉴作用。

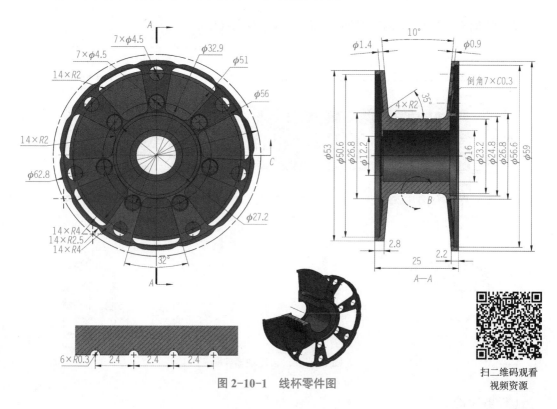

图 2-10-1　线杯零件图

扫二维码观看
视频资源

【任务分析】

通过对零件图纸的分析，线杯的三维造型主要利用旋转命令完成主体部分，再利用倒角、边倒圆、阵列特征、环形端槽、阵列面（线性）等命令完成其余部分。具体造型方案设计见表 2-10-1。

表 2-10-1　线杯零件造型方案设计

旋转实体 1	边倒圆操作	拉伸实体（差）	倒角、边倒圆操作
阵列特征	环形端槽	阵列面（线性）	

【任务实施】

（1）新建模型文件，命名为"线杯 .prt"。

（2）创建回转体。执行菜单栏【插入】→【在任务环境中绘制草图】命令，弹出【创建草图】对话框，选择 *XOZ* 平面作为草图绘制平面，完成草图 1，如图 2-10-2 所示。

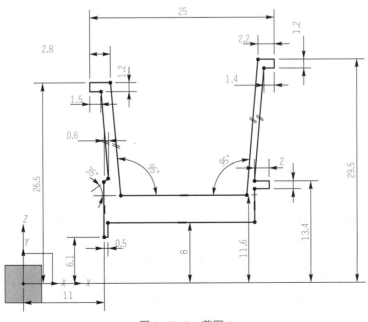

图 2-10-2　草图 1

127

执行菜单栏【插入】→【设计特征】→【旋转】命令，弹出【旋转】对话框，单击【选择曲线】按钮，选择草图 1，【指定矢量】选择【+X】轴，【指定点】为坐标原点，开始角度为 0°，结束角度为 360°；【布尔】选择【无】；单击【确定】按钮，结果如图 2-10-3 所示。

执行【边倒圆】命令🔲，选择图 2-10-4 所示的边，输入半径为 2。

图 2-10-3　回转体

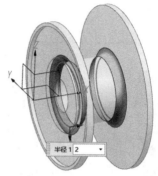

图 2-10-4　【边倒圆】边

（3）创建拉伸特征 1。执行菜单栏【插入】→【设计特征】→【拉伸】命令，弹出【拉伸】对话框，单击🔲按钮，弹出【创建草图】对话框，选择图 2-10-5 所示的草图平面，绘制图 2-10-6 所示的草图 1，单击【完成】按钮，结束草图绘制。

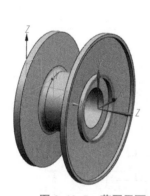

图 2-10-5　草图平面

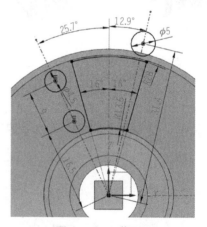

图 2-10-6　草图 1

单击【完成草图】按钮，返回图 2-10-7 所示的【拉伸】对话框，【方向】采用【-XC】轴，其余参数按图 2-10-7 所示设置，单击【确定】按钮，完成图 2-10-8 所示的拉伸实体。

执行菜单栏【插入】→【细节特征】→【边倒圆】命令，选择图 2-10-9 所示的边 1，输入半径为 2，单击【确定】按钮；继续执行【边倒圆】命令，选择图 2-10-10 所示的边 2，输入半径为 4，单击【确定】按钮。

执行菜单栏【插入】→【细节特征】→【倒斜角】命令，弹出【倒斜角】对话框，【横截面】选择【对称】，【距离】输入【0.3】，选择图 2-10-11 所示的边，单击【确定】按钮。

（4）阵列特征。执行菜单栏【插入】→【关联复制】→【阵列特征】命令，弹出图 2-10-12 所示的【阵列特征】对话框，选择【拉伸实体 1】及【倒圆角】作为要阵列的特征，其余参数按图 2-10-12 所示设置，单击【确定】按钮，完成图 2-10-13 所示的阵列特征。

图 2-10-7 【拉伸】对话框

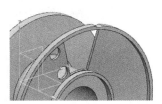

图 2-10-8 拉伸实体

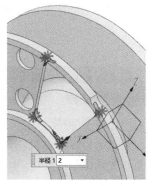

图 2-10-9 【边倒圆】边 1

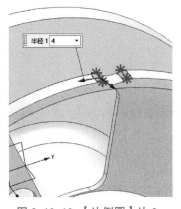

图 2-10-10 【边倒圆】边 2

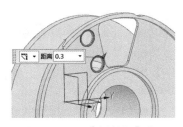

图 2-10-11 【倒斜角】边

图 2-10-12 【阵列特征】对话框

图 2-10-13 阵列特征

（5）创建中间线槽。执行菜单栏【插入】→【设计特征】→【槽】命令，弹出图2-10-14所示的【槽】对话框，选择【球形端槽】，单击【确定】按钮，根据提示选择图2-10-15所示的【放置面】，弹出【编辑参数】对话框，按照图2-10-16所示设置参数，单击【确定】按钮，选择图2-10-17所示的目标边和刀具边，弹出图2-10-18所示的【创建表达式】对话框，输入距离为3.6 mm，单击【确定】按钮，完成图2-10-19所示的槽。

图2-10-14 【槽】对话框

图2-10-15 放置面

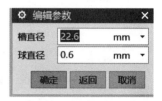

图2-10-16 【编辑参数】对话框

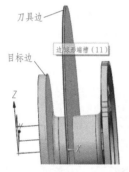

图2-10-17 目标边和刀具边

图2-10-18 【创建表达式】对话框

图2-10-19 槽

（6）阵列面。执行菜单栏【插入】→【关联复制】→【阵列面】命令，弹出图2-10-20所示的【阵列面】对话框，选择X轴方向为方向1，按照图2-10-20所示设置参数，单击【确定】按钮，完成图2-10-21所示的线杯模型。

图2-10-20 【阵列面】对话框

图2-10-21 线杯模型

（7）保存，完成。

（8）执行【新建】命令，弹出图 2-10-22 所示的【新建】对话框，选择【图纸】选项卡，选择 A3 图纸，输入名称【线杯】，单击【确定】按钮，进入制图环境。

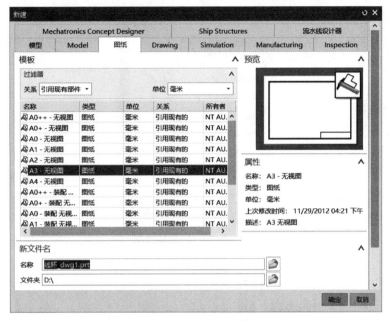

图 2-10-22 【新建】对话框

（9）创建视图。执行菜单栏【插入】→【视图】→【基本】命令，弹出【基本视图】对话框，设置【模型视图】为【右视图】，【比例】为【2∶1】，放置视图在合适位置。

执行菜单栏【插入】→【视图】→【剖视图】命令，弹出图 2-9-32 所示的【剖视图】对话框，选择图 2-10-23 所示的截面位置，移动鼠标光标向右放置全剖视图，重新调整视图，结果如图 2-10-23 所示的全剖视图。

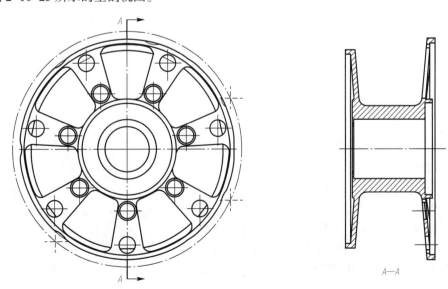

图 2-10-23 右视图、全剖视图

执行菜单栏【插入】→【视图】→【局部放大图】命令，弹出图 2-10-24 所示的【局部放大图】对话框，类型选择【按拐角绘制矩形】，选择图 2-10-25 所示的边界点 1、2，输入比例为【5∶1】，完成图 2-10-26 所示的局部放大图。

图 2-10-24　局部放大图

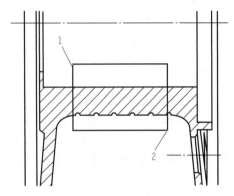

图 2-10-25　边界点

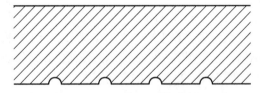

图 2-10-26　局部放大图

执行菜单栏【插入】→【视图】→【基本】命令，弹出【基本视图】对话框，设置【模型视图】为【正等轴测图】，【比例】为【1∶1】，放置视图在合适位置，如图 2-10-27 所示。

（10）创建辅助线。执行菜单栏【插入】→【中心线】→【螺栓圆】命令，弹出图 2-10-28 所示的【螺栓圆中心线】对话框，选择【类型】为【通过 3 个或多个点】，分别选择图 2-10-29 所示标注 1 的 3 个圆心位置、标注 2 的 3 个圆心位置、标注 3 的 3 个圆心位置，完成图 2-10-30 所示的中心线。

执行菜单栏【插入】→【中心线】→【中心标记】命令，弹出图 2-10-31 所示的【中心标记】对话框，【选择对象】选择局部放大图的圆心位置，完成图 2-10-32 所示的中心标记。

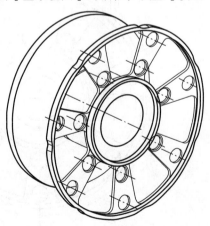

图 2-10-27　正等轴测图

图 2-10-28 【螺栓圆中心线】对话框

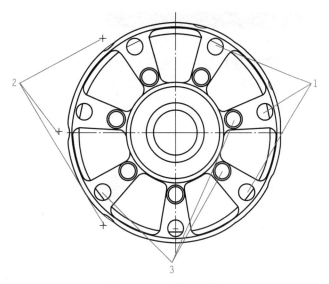

图 2-10-29 圆心位置

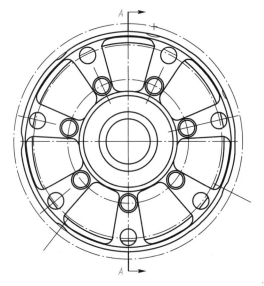

图 2-10-30 中心线

图 2-10-31 【中心标记】对话框

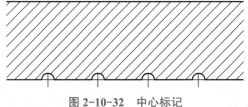

图 2-10-32 中心标记

（11）标注尺寸。执行菜单栏【插入】→【尺寸】→【线性】命令，弹出图 2-10-33 所示的【线性尺寸】对话框，设置【尺寸集】中【方法】为【链】，选择图 2-10-34 所示局部放大图的第一个和第二个圆弧圆心位置，标注图 2-10-34 所示的尺寸，【线性尺寸】对话框变为图 2-10-35 所示，继续选择局部放大图中第三个和第四个圆弧圆心，标注结果如图 2-10-36 所示。

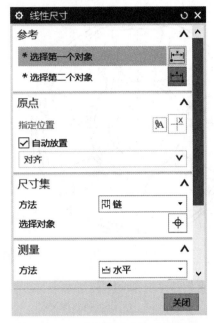

图 2-10-33 【线性尺寸】对话框 1

图 2-10-34 【链】尺寸标注 1

图 2-10-35 【线性尺寸】对话框 2

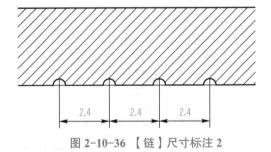

图 2-10-36 【链】尺寸标注 2

执行菜单栏【插入】→【尺寸】→【快速】命令，继续标注图 2-10-37 所示的右视图及全剖视图尺寸。

（12）标题栏填写。执行菜单栏【格式】→【图层设置】命令，弹出图 2-3-28 所示的【图层设置】对话框，勾选【170】层，单击【图纸名称】文本框，输入【图纸名称】为"线杯"，单击【线杯】，将字体变为高亮。执行菜单栏【编辑】→【设置】命令，弹出【设置】对话框，设置【字体高度】为【8】，【字体】为"仿宋"。

单击【比例】文本框，输入【比例】为【2∶1】，单击【2∶1】，将字体变为高亮，设置【字体高度】为【3.5】；单击【单位名称】文本框，输入【单位名称】为"山西机电职业技术学院"，设置【字体高度】为【5】，结果如图 2-10-38 所示。

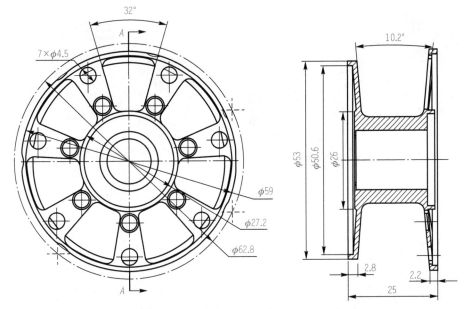

图 2-10-37　右视图及全剖视图尺寸标注

					线杯		图样标记	质量	比例
									2:1
标记	处数	更改文件号	签字	日期					
设计							共　页		第　页
校对									
审核					山西机电职业技术学院				
批准									

图 2-10-38　标题栏填写

【相关知识】

1. 阵列特征

【阵列特征】命令是将特征复制到许多阵列或布局（线型、圆形、多边形等）中。执行菜单栏【插入】→【关联复制】→【阵列特征】命令，弹出图 2-10-39 所示的【阵列特征】对话框。

有关【布局】选项说明如下：

（1）线性：从一个或多个选定特征生成图样的线性阵列，如图 2-10-40 所示。

（2）圆形：从一个或多个选定特征生成图样的圆形阵列，如图 2-10-41 所示。

（3）多边形：从一个或多个选定特征按照绘制好的多边形生成图样的阵列，如图 2-10-42 所示。

（4）螺旋：从一个或多个选定特征按照绘制好的螺旋线生成图样的阵列，如图 2-10-43 所示。

图 2-10-39　【阵列特征】对话框

图 2-10-40　线性阵列

图 2-10-41　圆形阵列

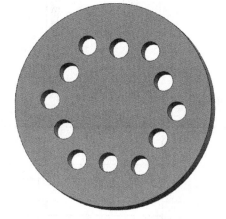

图 2-10-42　多边形阵列

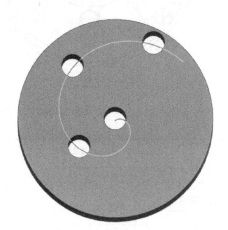

图 2-10-43　螺旋式阵列

（5）沿：从一个或多个选定特征按照绘制好的曲线生成图样的阵列，如图 2-10-44 所示。

（6）常规：从一个或多个选定特征在指定点处生成图样的阵列，如图 2-10-45 所示。

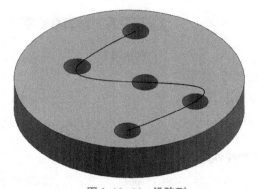

图 2-10-44　沿阵列

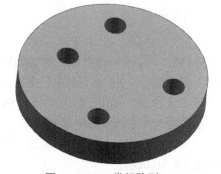

图 2-10-45　常规阵列

2. 阵列面

【阵列面】命令是使用阵列边界、实例方位、旋转和删除等各种选项将一组面复制到许多阵列或布局（线性、圆形、多边形等），然后将它们添加到体。执行菜单栏【插入】→【关联复制】→【阵列面】命令，弹出图 2-10-46 所示的【阵列面】对话框。图 2-10-47 所示为阵列面示意。

图 2-10-46 【阵列面】对话框

图 2-10-47　阵列面示意

3. 阵列几何体

【阵列几何体】命令是将几何体复制到许多阵列或布局（线型、圆形、多边形等）中，并带有对应阵列边界、实例方位、旋转和删除的各种选项。执行菜单栏【插入】→【关联复制】→【阵列面】命令，弹出图 2-10-48 所示的【阵列几何特征】对话框。图 2-10-49 所示为阵列几何体示意。

图 2-10-48　【阵列几何特征】对话框

图 2-10-49　阵列几何体示意

4. 局部放大图

【局部放大图】命令的比例可根据其俯视图单独进行调整，以便更容易地查看在视图中显示的对象。执行菜单栏【插入】→【视图】→【局部放大图】命令，弹出图 2-10-50 所示的【局部放大图】对话框。

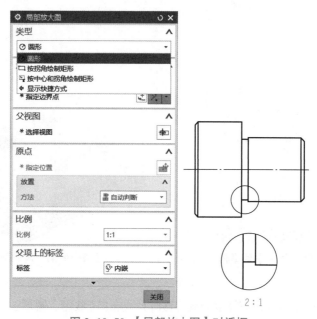

图 2-10-50 【局部放大图】对话框

（1）类型。

1）圆形：创建有圆形边界的局部放大图。

2）按拐角绘制矩形：选择对角线上的两个拐角点创建矩形局部放大图边界。

3）按中心和拐角绘制矩形：通过选择一个中心点和一个拐角点创建矩形局部放大图边界。

（2）边界。

1）指定拐角点 1：定义矩形边界的第一个拐角点。

2）指定拐角点 2：定义矩形边界的第二个拐角点。

3）指定中心点：定义圆形边界的中心。

4）指定边界点：定义圆形边界的半径。

（3）父视图：选择一个父视图。

（4）原点。

1）指定位置：指定局部放大图的位置。

2）移动视图：在局部放大图的过程中移动现有视图。

（5）比例：默认局部放大图的比例因子大于父视图的比例因子。

（6）标签。

1）无：无边界。

2）圆：圆形边界，无标签。

3）注释：有标签但无指引线的边界。

4）标签：有标签和边界指引线的边界。

5）内嵌：标签内嵌在带有箭头的缝隙内的边界。

6）边界：显示实际视图边界。

【素养提升】

火箭

火箭（图 2-10-51）是现代科技的杰作，代表着人类在航天领域取得的重要成就。作为一种运载工具，火箭承载着无数人的梦想和希望。火箭的制造需要极高的技术水平和严谨的工艺流程，每个环节都需要工匠们精益求精，不断探索创新，确保火箭的质量和安全性。火箭的制造需要注意每个零件的精确度和质量，在制造过程中严格把关，确保每个零件都符合要求。

图 2-10-51　火箭模型

线杯零件造型主要使用旋转、阵列特征等命令完成，火箭造型也可以通过旋转命令实现。旋转命令可以将一个基础形状沿着一个轴线旋转，并逐渐增加旋转角度，从而形成一个圆锥形状的火箭身。此外，可以使用阵列特征命令将火箭的尾部零件重复排列。通过旋转命令和阵列特征命令等工具，可以更好地设计和优化火箭的造型。

【任务拓展】

完成图 2-10-52 所示铃铛的模型设计。

扫二维码查看
火箭操作步骤

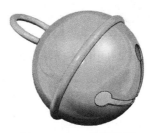

图 2-10-52　铃铛模型

【任务评价】

（1）学习了哪些新的知识点？

（2）掌握了哪些新技能点？

（3）对于本次任务的完成情况是否满意？写出课后总结反思。

任务 2.11　弹簧的模型及工程图设计

【任务描述】

通过对弹簧零件（图 2-11-1）造型及工程图任务的实施，掌握直线、螺旋线、圆形圆角、管道等基本造型的创建方法，以及工程图中基本视图（定向视图）、尺寸标注（线性、直径）等工具的用法，掌握三维建模的基本技巧。弹簧的造型方法对于其他同类零件的造型具有一定的借鉴作用。

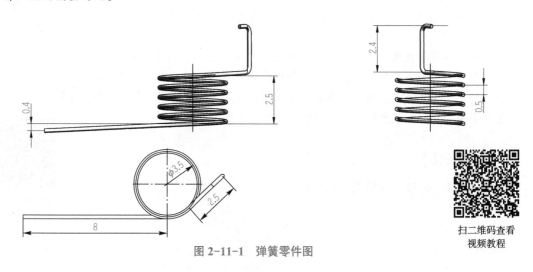

图 2-11-1　弹簧零件图

扫二维码查看
视频教程

【任务分析】

通过对零件图纸的分析，弹簧的三维造型主要利用螺旋线、直线、圆形圆角命令完成框架部分，再利用管道命令完成弹簧零件的三维造型。具体造型方案设计见表 2-11-1。

表 2-11-1　弹簧零件造型方案设计

绘制螺旋线	绘制直线	绘制圆形圆角曲线	管道

【任务实施】

（1）创建直线 1。执行菜单栏【插入】→【曲线】→【直线】命令，弹出图 2-11-2 所示的对话框，设置起始点（0，0，0），沿 ZC 方向，绘制长度为 3.5 的直线 1，绘制结果如图 2-11-3 所示。

图 2-11-2 【直线】对话框

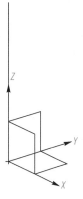

图 2-11-3　直线 1

（2）创建螺旋线。执行菜单栏【插入】→【曲线】→【螺旋线】命令，弹出【螺旋线】对话框，参数参照图 2-11-4 所示设置，单击【确定】按钮，完成图 2-11-5 所示的螺旋线。

图 2-11-4 【螺旋线】对话框

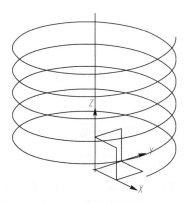

图 2-11-5　螺旋线

（3）创建直线 2。执行菜单栏【插入】→【曲线】→【直线】命令，弹出【直线】对话框，设置【起点选项】为螺旋线下端端点，【终点选项】为【相切】，选择螺旋线尾端，其余参数按照图 2-11-6 所示设置，绘制图 2-11-7 所示的直线 2。

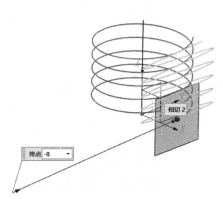

图 2-11-6 【直线】对话框   图 2-11-7 直线 2

（4）创建直线 3。单击【直线】按钮，弹出【直线】对话框，设置【起点选项】为螺旋线上端端点，【终点选项】为【相切】，选择螺旋线顶端，其余参数按照图 2-11-8 所示设置，绘制图 2-11-9 所示的直线 3。

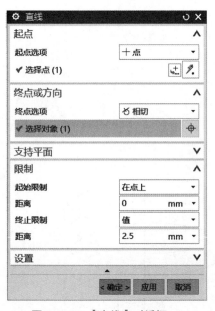

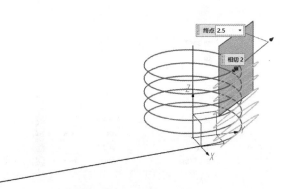

图 2-11-8 【直线】对话框   图 2-11-9 直线 3

（5）创建直线 4。单击【直线】按钮，弹出【直线】对话框，设置【起点选项】为直线 3 端点，沿 ZC 方向，绘制长度为 2.4 的直线 4，其余参数按照图 2-11-10 所示设置，绘制图 2-11-11 所示的直线 4。

图 2-11-10 【直线】对话框

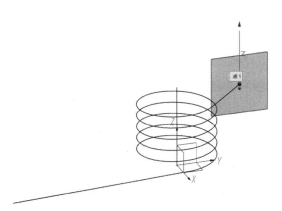

图 2-11-11 直线 4

（6）创建直线 5。单击【直线】按钮／，弹出【直线】对话框，设置【起点选项】为直线 4 上端点，【终点选项】为【法向】，【平面选项】为【选择平面】，【指定平面】为【两直线】，选择直线 3 和直线 4，其余参数按照图 2-11-12 所示设置，绘制图 2-11-13 所示的直线 5。

图 2-11-12 【直线】对话框

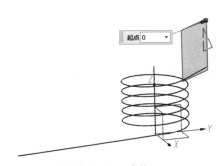

图 2-11-13 直线 5

（7）圆形圆角。执行菜单栏【插入】→【派生曲线】→【圆形圆角】命令，弹出图 2-11-14 所示的【圆形圆角曲线】对话框，选择【直线 4】作为【曲线 1】，【直线 5】作为【曲线 2】，绘制图 2-11-15 所示的圆角 1。

图 2-11-14 【圆形圆角曲线】对话框

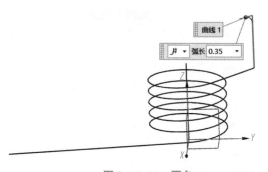

图 2-11-15 圆角 1

使用同样的方法完成圆角 2，选择【直线 4】作为【曲线 1】，【直线 3】作为【曲线 2】，参考图 2-11-16 设置圆角 2，结果如图 2-11-17 所示。

图 2-11-16 【圆形圆角曲线】对话框

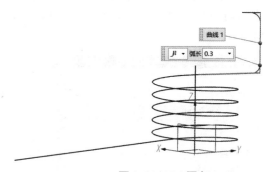

图 2-11-17 圆角 2

（8）管道。执行菜单栏【插入】→【扫掠】→【管道】命令，弹出【管】对话框，参数按照图 2-11-18 所示设置，选择图 2-11-19 所示的曲线，完成图 2-11-20 所示的弹簧三维模型设计。

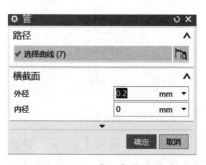

图 2-11-18 【管】对话框

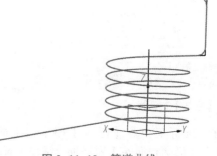

图 2-11-19 管道曲线

图 2-11-20 弹簧
三维模型

（9）保存，完成实体建模。

（10）执行【新建】命令，弹出图2-11-21所示的【新建】对话框，选择【图纸】选项卡，选择A3图纸，输入名称为【弹簧】，单击【确定】按钮，进入制图环境。

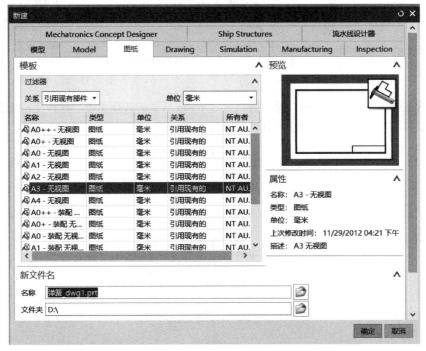

图2-11-21 【新建】对话框

（11）创建视图。执行菜单栏【插入】→【视图】→【基本】命令，弹出图2-11-22所示的【基本视图】对话框，设置【模型视图】为【俯视图】，【比例】为【10:1】，单击图2-11-22所示的【定向视图工具】按钮，弹出图2-11-23所示的【定向视图】对话框，选择【Z】轴，输入【角度】为【-90】，按Enter键，放置视图在合适位置，结果如图2-11-24所示。跟随鼠标光标出现投影视图，向上拖动鼠标光标，放置前视图，结果如图2-11-25所示。

图2-11-22 【基本视图】对话框

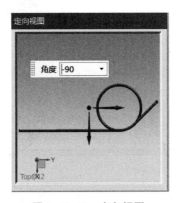

图2-11-23 定向视图

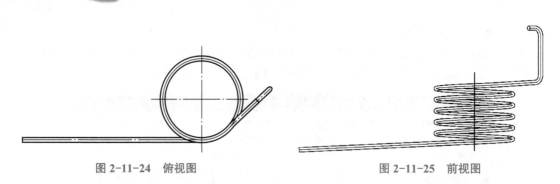

图 2-11-24 俯视图　　　　　　　　　　　　　图 2-11-25 前视图

　　单击俯视图，然后单击鼠标右键，弹出图 2-6-46 所示的快捷菜单，选择【添加投影视图】命令，放置视图在前视图右侧合适位置，结果如图 2-11-26 所示。

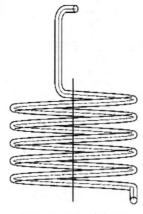

图 2-11-26　左视图

　　（12）标注尺寸。执行菜单栏【插入】→【尺寸】→【快速尺寸】命令，分别标注三个视图，标注结果如图 2-11-27 所示。

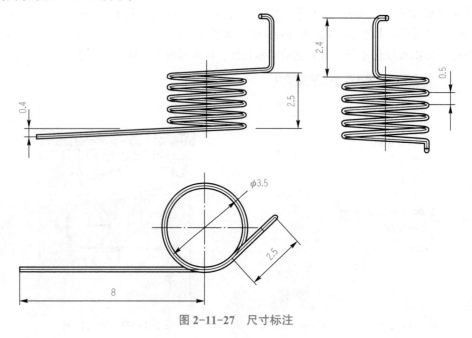

图 2-11-27　尺寸标注

（13）标题栏填写。执行菜单栏【格式】→【图层设置】命令，弹出图 2-3-28 所示的【图层设置】对话框，勾选【170】层，单击【图纸名称】文本框，输入【图纸名称】为【弹簧】，单击【弹簧】，将字体变为高亮，执行菜单栏【编辑】→【设置】命令，弹出【设置】对话框，设置【字体高度】为【8】，【字体】为【仿宋】。

单击【比例】文本框，输入【比例】为【10：1】。单击【10：1】，将字体变为高亮，设置【字体高度】为【3.5】；单击【单位名称】文本框，输入【单位名称】为【山西机电职业技术学院】，设置【字体高度】为【5】，结果如图 2-11-28 所示。

					弹簧				
							图样标记	质量	比例
标记	处数	更改文件号	签字	日期					10:1
设计							共 页	第 页	
校对									
审核					山西机电职业技术学院				
批准									

图 2-11-28　标题栏填写

【相关知识】

1. 直线

执行菜单栏【插入】→【曲线】→【直线】命令，弹出图 2-11-29 所示的【直线】对话框。

（1）【平面选项】用于设置直线平面的形式，包括以下三种形式：

1）自动平面：根据指定的起点和终点来自动判断临时平面。

2）锁定平面：选择此选项，如更改起点或终点，自动平面不可以移动。

3）选择平面：用于选择现有平面或新建平面。

（2）【限制】用于设置直线的起始位置和结束位置，包括以下三种形式：

1）值：用于为直线的起始或终止限制指定数值。

2）在点上：通过【捕捉点】选项为直线的起始或终止限制指定点。

图 2-11-29　【直线】对话框

3）直至选定：用于在所选对象的限制处开始或结束直线。

2. 圆弧

执行菜单栏【插入】→【曲线】→【圆弧/圆】命令，弹出图 2-11-30 所示的【圆弧/圆】对话框。圆弧/圆的绘制包括【三点画圆弧】和【从中心开始的圆弧/圆】两种类型。

（1）类型。

1）三点画圆弧：通过指定的三个点或指定两个点和半径来创建圆弧。

2）从中心开始的圆弧/圆：通过圆弧中心及第二点或半径来创建圆弧。

（2）【起点】【端点】【中点】选项。

1）自动判断：根据选择的对象来确定要使用的【起点】【端点】【中点】选项。

2）点：用于指定圆弧的起点/端点/中点。

3）相切：用于创建与圆弧/圆相切的直线。

（3）支持平面。

1）自动平面：根据指定的起点和终点来自动判断临时平面。

2）锁定平面：选择此选项，如更改起点或终点，自动平面不可以移动。

3）选择平面：用于选择现有平面或新建平面。

3. 螺旋线

通过定义圈数、螺距、半径方式（规律或恒定）、旋转方向和适当的方向生成螺旋线。执行菜单栏【插入】→【曲线】→【螺旋】命令，弹出图2-11-31所示的【螺旋线】对话框。

图 2-11-30 【圆弧/圆】对话框

图 2-11-31 【螺旋线】对话框

（1）类型：包括【沿矢量】和【沿脊线】两个选项，表示两种类型的半径定义方式。

（2）大小：指定螺纹的定义方式，可以通过使用【规律类型】或输入半径/直径来定义半径或直径。

（3）螺距：相邻的圈之间沿螺旋轴方向的距离。

（4）圈数：用于指定螺旋线绕螺旋轴旋转的圈数。

（5）旋转方向：用于控制旋转的方向。

4. 圆形圆角

使用【圆形圆角曲线】命令可在两条3D曲线或边链之间创建光滑的圆角曲线。圆角曲线与两条输入曲线相切，且在投影到垂直于所选矢量方向的平面上时类似于圆角。执行菜单栏【插入】→【派生曲线】→【圆形圆角】命令，弹出图2-11-32所示的【圆形圆角曲线】

对话框。

（1）曲线 1/ 曲线 2：选择第一个和第二个曲线链或特征边链。

（2）圆柱。

1）方向选项：用于圆柱轴的方向。

①最适合：查找最可能包含输入曲线的平面。

②可变：使用输入曲线上具有倒圆的接触点处的切线来定义视图矢量。

③矢量：通过【矢量】对话框将矢量定义为圆柱轴。

④当前视图：指定垂直于当前视图的圆柱轴。

2）半径选项：用于指定圆柱半径的值。

①曲线 1 上的点：用于在曲线 1 上选择一个点作为锚点，然后在曲线 2 上搜索该点。

②曲线 2 上的点：用于在曲线 2 上选择一个点作为锚点，然后在曲线 1 上搜索该点。

图 2-11-32 【圆形圆角曲线】对话框

3）位置。

①弧长：用于指定沿弧长方向的距离，作为接触点。

②弧长百分比：用于指定弧长的百分比，作为接触点。

③通过点：用于选择一个点作为接触点。

4）显示圆柱：用于显示或隐藏创建圆形圆角曲线的圆柱。

5. 管道

【管道】命令可以通过沿着一个或多个相切连续的曲线或边扫掠一个圆形截面来创建单个实体，执行菜单栏【插入】→【扫掠】→【管道】命令，弹出图 2-11-33 所示的【管道】对话框。

（1）路径：指定管道的中心线路径。可以选择多条光滑并切向连续的曲线或边。

（2）横截面：

1）外径：用于输入管的外直径的值，外直径不能为零。

2）内径：用于输入管的内直径的值。

（3）管道有两种输出类型：

1）单段：只有一个或两个截面，如图 2-11-34 所示。

2）多段：用一系列圆柱和圆环面沿路径逼近管道表面，如图 2-11-35 所示。

图 2-11-33 【管道】对话框　　　　图 2-11-34　单段管　　　　图 2-11-35　多段管

【素养提升】

捡球器

对于热爱网球、乒乓球的爱好者们来说，最痛苦的莫过于反反复复地弯腰捡球了。散落一地的网球、乒乓球一个个地收集起来非常费事，那么，有没有省事的捡球办法呢？有没有不用弯腰就能捡球的神器呢？捡球器——一个滚筒式网状收纳器，只需要在地面上滚动几下，球状物体便立即被收入囊中（图 2-11-36）。

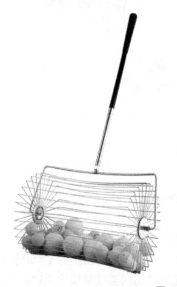 

扫二维码查看捡球器操作步骤

图 2-11-36　捡球器

捡球器采用滚筒原理，其工作原理主要基于滚筒的滚动和球体的滚动，通过合理设计和调整滚筒的形状与尺寸，球体能够被有序地捡拾起来。捡球器的发明和应用体现了创新思维的重要性。在传统手动捡球方式的基础上，人们通过巧妙的机械设计和技术创新，开发出了捡球器，大大提高了捡球的效率。这启示人们，在面对问题和挑战时，要敢于打破常规，勇于尝试新的思路和方法。

捡球器的模型设计主要使用【管道】命令。在设计中，【管道】命令用于创建捡球器的主体结构，管道可以根据需要调整直径、长度和弯曲度，以适应不同的捡球需求。

【任务拓展】

完成图 2-11-37 所示的节能灯模型设计。

图 2-11-37　节能灯模型

【任务评价】

（1）学习了哪些新的知识点？

（2）掌握了哪些新技能点？

（3）对于本次任务的完成情况是否满意？写出课后总结反思。

任务 2.12　轮座的模型及工程图设计

【任务描述】

通过对轮座零件（图 2-12-1）造型及工程图任务的实施，掌握曲线网格、拆分体、修剪体、镜像几何体等基本造型特征的创建方法，以及工程图中基本视图（定向视图）、尺寸标注（线性、半径）、中心标记等工具的用法，掌握三维建模的基本技巧。轮座的造型方法对于其他同类零件的造型具有一定的借鉴作用。

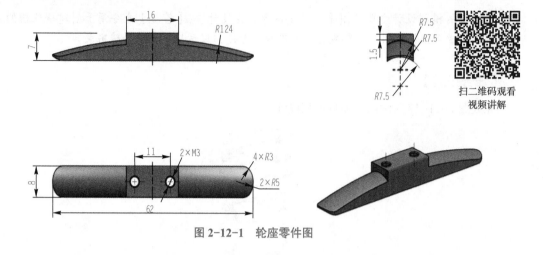

扫二维码观看
视频讲解

图 2-12-1　轮座零件图

【任务分析】

通过对零件图纸的分析，轮座的三维造型利用曲线网格命令、拉伸命令完成主体部分，再利用拆分体、修剪体、镜像几何体、螺纹孔、边倒圆等命令完成轮座零件的三维造型。具体造型方案设计见表 2-12-1。

表 2-12-1　轮座零件造型方案设计

拉伸实体	绘制草图曲线	通过曲线网格	拆分体	修剪体
边倒圆	螺纹孔	镜像几何体	生成实体	

【任务实施】

（1）创建拉伸1。执行菜单栏【插入】→【设计特征】→【拉伸】命令，弹出【拉伸】对话框，单击█按钮，弹出【创建草图】对话框，选择 XOY 平面，绘制图 2-12-2 所示的草图 1。

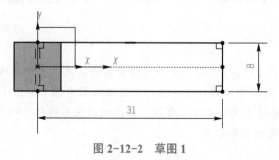

图 2-12-2　草图 1

单击【完成草图】按钮，返回图 2-12-3 所示的【拉伸】对话框，【方向】采用默认方向，其余参数按照图 2-12-3 所示设置，单击【确定】按钮，完成图 2-12-4 所示的拉伸 1。

图 2-12-3 【拉伸】对话框

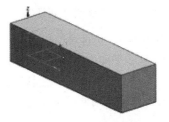

图 2-12-4 拉伸 1

（2）创建拉伸 2。执行菜单栏【插入】→【设计特征】→【拉伸】命令，弹出【拉伸】对话框，单击▓按钮，弹出【创建草图】对话框，选择 YOZ 平面，绘制图 2-12-5 所示的草图。

单击【完成草图】按钮，返回图 2-12-6 所示的【拉伸】对话框，【方向】采用默认方向，其余参数按图 2-12-6 所示设置，单击【确定】按钮，完成图 2-12-7 所示的拉伸 2。

（3）修剪体 3。执行菜单栏【插入】→【修剪】→【修剪体】命令，弹出图 2-12-8 所示的【修剪体】对话框，【目标】选择拉伸 1，【工具】选择拉伸 2，单击【确定】按钮，完成图 2-12-9 所示的修剪体 3。

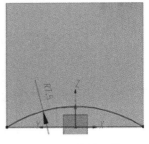

图 2-12-5 拉伸 2 草图

图 2-12-6 【拉伸】对话框

图 2-12-7 拉伸 2

图 2-12-8 【修剪体】对话框

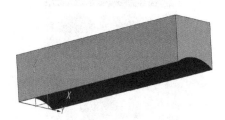

图 2-12-9 修剪体 3

（4）绘制草图 4。执行菜单栏【插入】→【在任务环境中绘制草图】命令，弹出【创建草图】对话框，选择 YOZ 平面为草图绘制平面，完成图 2-12-10 所示的草图 4。

（5）绘制草图 5。执行菜单栏【插入】→【在任务环境中绘制草图】命令，弹出【创建草图】对话框，选择草图 4 相对侧拉伸 1 为草图绘制平面，完成图 2-12-11 所示的草图 5。

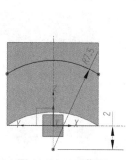

图 2-12-10 草图 4

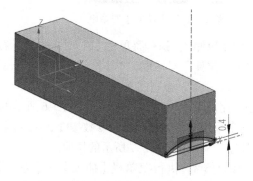

图 2-12-11 草图 5

（6）绘制草图 6。执行菜单栏【插入】→【在任务环境中绘制草图】命令，弹出【创建草图】对话框，选择拉伸 1 另一侧平面为草图绘制平面，完成图 2-12-12 所示的草图 6。同理，在对侧面完成图 2-12-13 所示的草图 7。

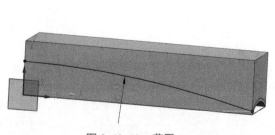

图 2-12-12 草图 6

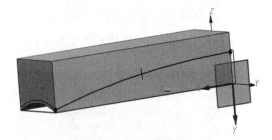

图 2-12-13 草图 7

（7）创建通过曲线网格 8。执行菜单栏【插入】→【曲面网格】→【通过曲线网格】命令，弹出图 2-12-14 所示的【通过曲线网格】对话框。

【主曲线】选择草图 4 作为主曲线 1，单击【添加新集】按钮，继续选择草图 5 作为主曲线 2，如图 2-12-15 所示。

图 2-12-14 【通过曲线网格】对话框

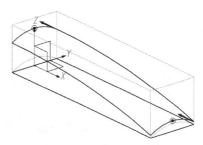

图 2-12-15 【主曲线】

【交叉曲线】选择草图 6 作为交叉曲线 1，单击【添加新集】按钮，继续选择草图 7 作为交叉曲线 2，如图 2-12-16 所示。

单击【确定】按钮，完成图 2-12-17 所示的通过曲线网格 8。

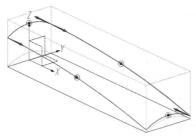

图 2-12-16 【交叉曲线】

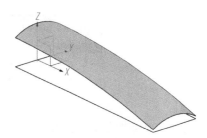

图 2-12-17 通过曲线网格 8

（8）创建基准平面 9。执行菜单栏【插入】→【基准 / 点】→【基准平面】命令，弹出图 2-12-18 所示的【基准平面】对话框，选择 *YOZ* 平面为【平面参考】，【偏置】距离为【8】，如图 2-12-19 所示，单击【确定】按钮，完成基准平面创建。

（9）创建拆分体 10。执行菜单栏【插入】→【修剪】→【拆分体】命令，弹出【拆分体】对话框，【目标】选择拉伸 1，【工具】选择基准平面 9，单击【确定】按钮，完成图 2-12-20 所示的拆分体 10。

图 2-12-18 【基准平面】对话框

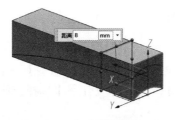

图 2-12-19 基准平面 9

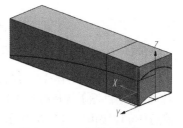

图 2-12-20 创建拆分体 10

（10）创建修剪体 11。执行菜单栏【插入】→【修剪】→【修剪体】命令，弹出图 2-12-21 所示的【修剪体】对话框，【目标】选择拉伸 1 拆分体较大侧，【工具】选择通过曲线网格 8，单击【确定】按钮，完成图2-12-22所示的修剪体11。

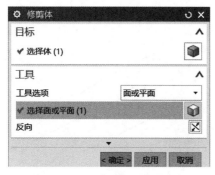

图2-12-21 【修剪体】对话框

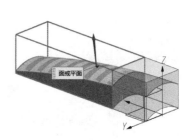

图2-12-22 修剪体11

（11）创建拉伸12。执行菜单栏【插入】→【设计特征】→【拉伸】命令，弹出【拉伸】对话框，单击■按钮，弹出【创建草图】对话框，选择XOY平面，绘制图2-12-23所示的草图。

图2-12-23 拉伸12草图

单击【完成草图】按钮，返回图2-12-24所示的【拉伸】对话框，【方向】采用默认方向，其余参数按图2-12-24所示设置，单击【确定】按钮，完成拉伸12，如图2-12-25所示。

图2-12-24 【拉伸】对话框

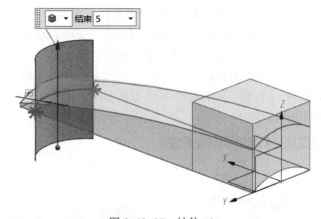

图2-12-25 拉伸12

（12）创建修剪体13。执行菜单栏【插入】→【修剪】→【修剪体】命令，弹出【修剪体】对话框，【目标】选择拉伸1拆分体较大侧，【工具】选择拉伸12，单击【确定】按钮，完成修剪体13，如图2-12-26所示。

（13）创建边倒圆14。执行菜单栏【插入】→【细节特征】→【边倒圆】命令，弹出图2-12-27所示的【边倒圆】对话框。【选择边】选取图2-12-28所示的边，参数按照图2-12-27所示设置，单击【确定】按钮，完成边倒圆14。

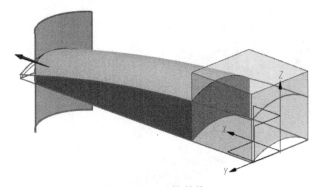

图 2-12-26　修剪体 13

图 2-12-27　【边倒圆】对话框

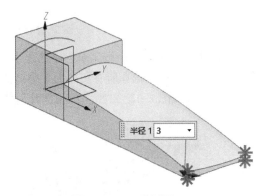

图 2-12-28　边倒圆 14

（14）创建螺纹孔 15。执行菜单栏【插入】→【设计特征】→【孔】命令，弹出图 2-12-29
所示的【孔】对话框，绘制截面，单击▣按钮，选择凸台上表面为草绘平面，绘制螺纹孔草图如
图 2-12-30 所示，单击【完成草图】按钮，退出草图界面。参数按照图 2-12-29 所示设置，单击
【确定】按钮，生成图 2-12-31 所示的螺纹孔 15。

图 2-12-29　【孔】对话框

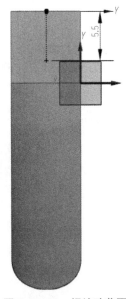

图 2-12-30　螺纹孔草图

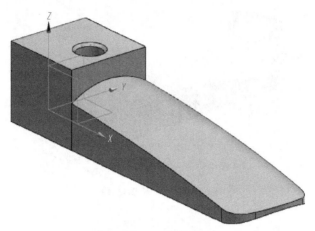

图 2-12-31　螺纹孔 15

（15）镜像几何体 16。执行菜单栏【插入】→【关联复制】→【镜像几何体】命令，弹出【镜像几何体】对话框，选择所有实体为【要镜像的几何体】,【镜像平面】为 *YOZ* 平面，单击【确定】按钮，完成图 2-12-32 所示的镜像几何体 16。

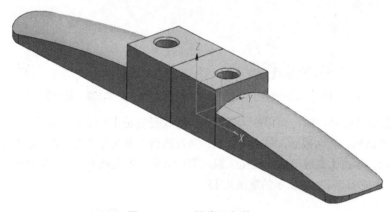

图 2-12-32　镜像几何体 16

（16）求和 17。执行菜单栏【插入】→【组合】→【合并】命令，弹出【合并】对话框，选择【目标】和【工具】，单击【确定】按钮，完成图 2-12-33 所示的布尔求和运算。

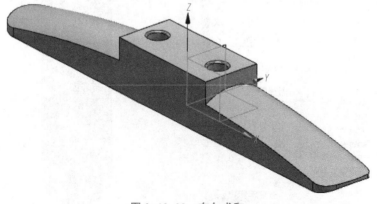

图 2-12-33　布尔求和

（17）保存，完成轮座三维模型。

（18）选择【新建】命令，弹出图 2-12-34 所示的【新建】对话框，选择【图纸】选项卡，选择 A3 图纸，输入名称为【轮座】，单击【确定】按钮，进入制图环境。

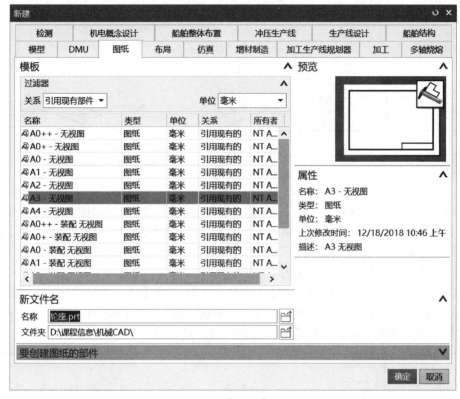

图 2-12-34 【新建】对话框

（19）创建视图。执行菜单栏【插入】→【视图】→【基本】命令，弹出【基本视图】对话框，设置【模型视图】为【前视图】，【比例】为【2：1】，放置视图在合适位置，继续拖动鼠标光标向右侧及向下创建右视图和俯视图。设置【模型视图】为【正等轴测图】，放置视图在合适位置，结果如图 2-12-35 所示。

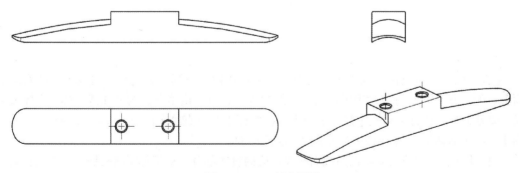

图 2-12-35 创建视图

（20）标注尺寸。执行菜单栏【插入】→【尺寸】→【快速尺寸】命令，分别标注三个视图，标注结果如图 2-12-36 所示。

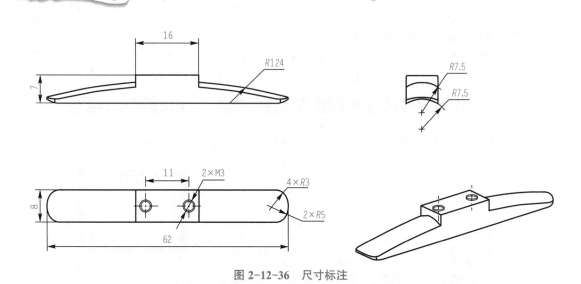

图 2-12-36　尺寸标注

（21）标题栏填写。执行菜单栏【格式】→【图层设置】命令，弹出图 2-3-28 所示的【图层设置】对话框，勾选【170】层，单击【图纸名称】文本框，输入【图纸名称】为【轮座】，单击【轮座】，将字体变为高亮，执行菜单栏【编辑】→【设置】命令，弹出【设置】对话框，设置【字体高度】为【8】，【字体】为【仿宋】。

单击【比例】文本框，输入【比例】为【10∶1】。单击【10∶1】，将字体变为高亮，设置【字体高度】为【3.5】；单击【单位名称】文本框，输入【单位名称】为【山西机电职业技术学院】，设置【字体高度】为【5】，结果如图 2-12-37 所示。

标记	处数	更改文件号	签字	日期	轮座			
						图样标记	质量	比例
								2∶1
设计						共　页		第　页
校对								
审核					山西机电职业技术学院			
批准								

图 2-12-37　标题栏填写

【相关知识】

1. 直纹面

【直纹面】是通过两组线串生成的曲面，可看作由一系列直线连接两组线串上的对应点而形成的一张曲面。每组线串可以是单一的曲线，也可以由多条连续的曲线、体（实体或曲面）边界组成。执行菜单栏【插入】→【网格曲面】→【直纹】命令，弹出图 2-12-38 所示的【直纹】对话框，图 2-12-39 所示为直纹面样例。

（1）【参数】对齐方式：两组截面曲线对应的直线部分，根据等距离来划分连接点；两组截面曲线对应的曲线部分，根据等角度来划分连接点，如图 2-12-40 所示。

（2）【弧长】对齐方式：在两组线串上都是以等弧长方式来划分对应点的，如图 2-12-41 所示。

图 2-12-38 【直纹】对话框

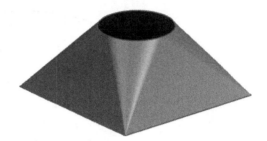

图 2-12-39 直纹面

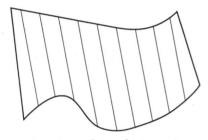

图 2-12-40 【参数】对齐方式

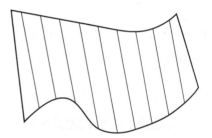

图 2-12-41 【弧长】对齐方式

（3）【根据点】对齐方式：两组截面线串上选取对应的点作为强制对应点，选取的顺序决定着片体的路线走向，如图 2-12-42 所示。

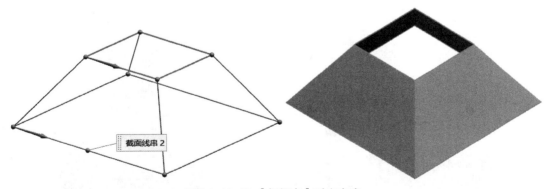

图 2-12-42 【根据点】对齐方式

（4）【距离】对齐方式：指定方向上沿每个截面以相等的距离隔开点，如图 2-12-43 所示。

（5）【角度】对齐方式：指定轴线周围沿每条曲线以相等的角度隔开点，如图 2-12-44 所示。

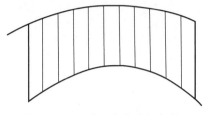

图 2-12-43 【距离】对齐方式

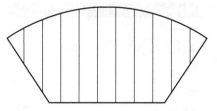

图 2-12-44 【角度】对齐方式

（6）【脊线】对齐方式：根据脊线的垂直平面与两组截面所得的交点作为对应点，如图 2-12-45 所示。

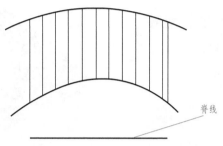

图 2-12-45 【脊线】对齐方式

2. 通过曲线组

【通过曲线组】是通过同一方向上的一组曲线轮廓线生成一个体。这些曲线轮廓称为截面线串。截面线串可以由单个对象或多个对象组成，每个对象可以是曲线、实边或实面。执行菜单栏【插入】→【网格曲面】→【通过曲线组】命令，弹出图 2-12-46 所示的【通过曲线组】对话框，图 2-12-47 所示为通过曲线组示例。

图 2-12-46 【通过曲线组】对话框

图 2-12-47 通过曲线组

有关连续性的说明如下：

（1）全部应用：将为一个截面选定的连续性约束施加第一个截面和最后一个截面。

（2）第一截面：用于选择约束面并指定所选截面的连续性。

（3）最后截面：指定连续性。

（4）流向：使用约束面曲面的模型，指定与约束曲面相关的流动方向。

3. 通过曲线网格

【通过曲线网格】是根据所指定的两组截面线串来创建曲面。第一组截面线串为主线串，是构建曲面的 U 向；第二组截面线称为交叉线，是构建曲面的 V 向，执行菜单栏【插入】→【网格曲面】→【通过曲线网格】命令，弹出图 2-12-48 所示的【通过曲线网格】对话框，图 2-12-49 所示为通过曲线网格示例。

图 2-12-48 【通过曲线网格】对话框

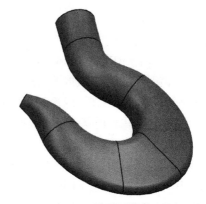

图 2-12-49 通过曲线网格

（1）主曲线：用于选择包含曲线、边或点的主截面集。

（2）交叉曲线：选择包含曲线或边的横截面集。

（3）连续性：用于在第一主截面和最后主截面，以及第一横截面与最后横截面处选择约束面，并指定连续性。

1）全部应用：将相同的连续性设置应用于第一个截面及最后一个截面。

2）第一主线串：用于为第一个与最后一个主截面及横截面设置连续性约束，以控制与输入曲线有关的曲面的精度。

3）最后主线串：约束该实体，使它与一个或多个选定的面或片体在最后一条主线串处相切或曲率连续。

4）第一交叉线串：约束该实体，使它与一个或多个选定的面或片体在第一交叉线串处相切或曲率连续。

5）最后交叉线串：约束该实体，使它和一个或多个选定的面或片体在最后一条交叉线串处相切或曲率连续。

4. 拆分体

【拆分体】命令是使用面、基准平面或其他几何体分割一个或多个目标体。执行菜单栏【插入】→【修剪】→【拆分体】命令，弹出图 2-12-50 所示的【拆分体】对话框，如图 2-12-51 所示为实体分割示例。

图 2-12-50 【拆分体】对话框

图 2-12-51 实体分割

（1）工具选项。

1）面或平面：指定一个现有平面或面作为拆分平面。

2）新建平面：创建一个新的拆分平面。

3）拉伸：拉伸现有曲线或绘制曲线来创建工具体。

4）旋转：旋转现有曲线或绘制曲线来创建工具体。

（2）保留压印边：用以标记目标体与工具之间的交线。

5. 镜像几何体

以基准平面来镜像所选的实体。执行菜单栏【插入】→【关联复制】→【镜像几何体】命令，弹出图 2-12-52 所示的【镜像几何体】对话框，图 2-12-53 所示为镜像几何体特征。

图 2-12-52 【镜像几何体】对话框

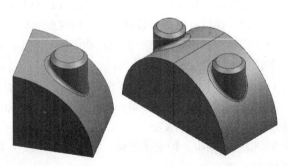

图 2-12-53 镜像几何体特征

（1）要镜像的几何体：用于选择要进行镜像的部件中的特征。

（2）镜像平面：用于指定镜像选定特征所用的平面或基准平面。

（3）设置。

1）关联：镜像几何体与父几何体相关联。

2）复制螺纹：复制符号螺纹。

【素养提升】

手动弯管器

手动弯管器（图 2-12-54）是一种用于将金属管材进行弯曲加工的工具。它通常由钢制构架和操作手柄组成，可以通过调整角度和施加力量来实现对管材的精确弯曲。手动弯管器在很多领域都有应用，特别是在管道安装、机械制造、建筑和汽车维修等行业。它可以用于加工不同直径和材质的金属管道，如铜管、钢管和不锈钢管等。使用手动弯管器时，首先需要根据具体的需求选择合适的弯曲模具，然后将待加工的管材放入弯管器中，并通过手柄施加力量，管材弯曲到期望的角度。手动弯管器的优点是结构简单、操作方便，并且适用于小批量的管材弯曲加工。

扫二维码查看
手动弯管器
操作步骤

图 2-12-54　手动弯管器

手动弯管器是管道工程中不可或缺的工具。一个优质的手动弯管器能够精确地弯曲管道，满足工程需求；而一个劣质或不适合的工具则可能导致工作效率低下，甚至造成工程质量问题。因此，在选择手动弯管器时，需要考虑其材质、结构、功能等多方面因素，确保其能够满足我们的工作需求。同样，在绘制手动弯管器模型时，运用扫掠、拉伸等命令进行设计，也需要对软件功能有深入地了解，能够灵活运用各种绘制命令来实现设计目标。

【任务拓展】

完成图 2-12-55 所示的吊钩造型及工程图设计。

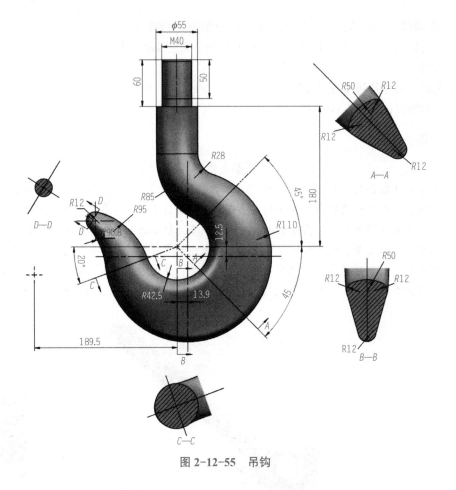

图 2-12-55　吊钩

【任务评价】

（1）学习了哪些新的知识点？

（2）掌握了哪些新技能点？

（3）对于本次任务的完成情况是否满意？写出课后总结反思。

任务 2.13　双向螺杆的模型及工程图设计

【任务描述】

通过对双向螺杆零件（图 2-13-1）造型及工程图任务的实施，掌握槽、螺旋线、扫掠等基本造型特征的创建方法，以及工程图中基本视图（剖视图）、尺寸标注（线性、圆柱式）、中心标记等工具的用法，掌握三维建模的基本技巧。双向螺杆的造型方法对于其他同类零件的造型具有一定的借鉴作用。

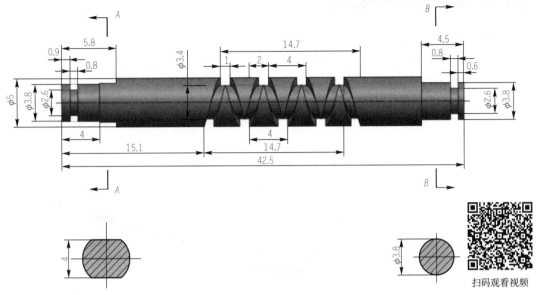

扫码观看视频

图 2-13-1 双向螺杆零件图

【任务分析】

通过对零件图纸的分析，双向螺杆的三维造型主要利用螺旋线命令、扫掠命令完成双向螺杆的螺旋槽部分，利用体素、矩形槽、拉伸等命令完成双向螺杆零件的三维造型的其余部分。具体造型方案设计见表 2-13-1。

表 2-13-1 双向螺杆零件造型方案设计

生成体素——圆柱	生成矩形槽	生成螺旋线
扫掠特征	布尔运算（差）	拉伸（差）

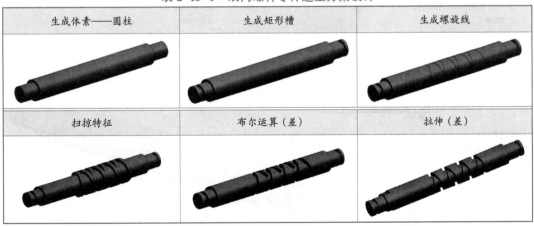

【任务实施】

（1）新建模型文件，命名为"双向螺杆 .prt"。

（2）创建旋转实体。执行菜单栏【插入】→【设计特征】→【圆柱体】命令，弹出图 2-13-2

167

所示的【圆柱】对话框，【指定矢量】为【Y】轴，【指定点】为坐标原点，其余参数按照图 2-13-2 所示设置，单击【确定】按钮，完成图 2-13-3 所示的圆柱 1。

图 2-13-2 【圆柱】对话框

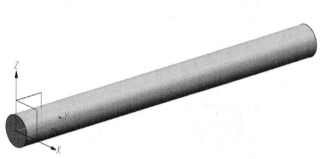

图 2-13-3 圆柱 1

以创建圆柱 1 的方法创建圆柱体 2，【指定矢量】为【Y】轴，【指定点】坐标为（0，4，0），其余参数按照图 2-13-4 所示设置，单击【确定】按钮，完成图 2-13-5 所示的圆柱 2。

图 2-13-4 【圆柱】对话框

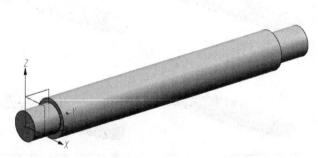

图 2-13-5 圆柱 2

（3）创建环形槽 1。执行菜单栏【插入】→【设计特征】→【槽】命令，弹出图 2-13-6 所示的【槽】对话框，选择【矩形】，选择放置面为圆柱 1 表面，如图 2-13-7 所示，尺寸参照图 2-13-8 所示设置，选择目标边为圆柱 1 的左端面，刀具边为槽的圆柱左端的圆，输入距离为 0.9 mm，如图 2-13-9 所示。完成图 2-13-10 所示的槽特征 1。

（4）创建环形槽 2。按创建环形槽 1 的方法创建环形槽 2，环形槽尺寸不变，选择目标边为圆柱 1 的右端圆，刀具边为槽的圆柱右端圆，输入距离为 0.6 mm。完成图 2-13-11 所示的槽特征 2。

图 2-13-6 【槽】对话框

图 2-13-7 放置面

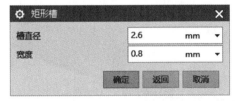

图 2-13-8 矩形槽尺寸

图 2-13-9 【创建表达式】对话框

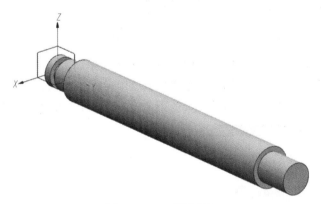

图 2-13-10 槽特征 1

图 2-13-11 槽特征 2

（5）绘制螺旋线 1。执行【曲线】→【螺旋线】命令，弹出图 2-13-12 所示的【螺旋线】对话框，【方向】选择【Y】轴，其余参数按照图 2-13-12 所示设置，单击【确定】按钮。

（6）绘制螺旋线 2。按绘制螺旋线 1 的方法绘制螺旋线 2，其方向、大小、螺距、长度参数与螺旋线 1 相同，【旋转方向】改为【右手】，单击【确定】按钮，完成两条螺旋线的绘制，如图 2-13-13 所示。

图 2-13-12 【螺旋线】对话框

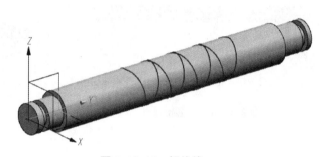

图 2-13-13 螺旋线

（7）创建扫掠。执行【直接草图】→【草图】命令，弹出图 2-13-14 所示的【创建草图】对话框，【草图类型】选择【基于路径】，【路径】选择螺旋线 1，其余参数按照图 2-13-14 所示设置，单击【确定】按钮。在草图界面完成图 2-13-15 所示的草图截面的绘制。

图 2-13-14 【创建草图】对话框

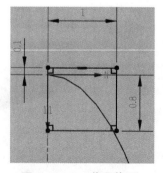

图 2-13-15 草图截面

执行菜单栏【插入】→【曲面】→【扫掠】命令，弹出图 2-13-16 所示的【扫掠】对话框，【截面】选择草图，【引导线】选择螺旋线 1，定位的【矢量方向】为【Y】轴，其余参数按照图 2-13-16 所示设置，单击【确定】按钮，完成图 2-13-17 所示的扫掠特征 1。

以创建扫掠 1 的方法创建扫掠 2，【引导线】选择螺旋线 2，其余参数与扫掠 1 相同，完成图 2-13-18 所示的扫掠特征 2。

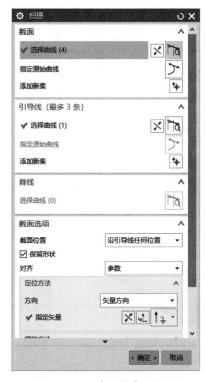

图 2-13-16 【扫掠】对话框

图 2-13-17 扫掠特征 1

图 2-13-18 扫掠特征 2

（8）布尔求差运算。执行【特征】→【减去】命令，弹出图 2-13-19 所示的【求差】对话框，【目标】选择【基本圆柱】，【工具】选择【扫掠 1】和【扫掠 2】，单击【确定】按钮，完成图 2-13-20 所示的布尔求差。

图 2-13-19 【求差】对话框

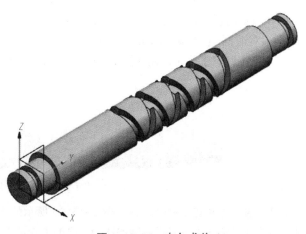

图 2-13-20 布尔求差

171

（9）创建拉伸。单击█████按钮，弹出【拉伸】对话框，单击【截面】项目的▣按钮，弹出【创建草图】对话框，选择圆柱 2 的端面作为草图平面，单击【确定】按钮，进入草图环境，绘制图 2-13-21 所示的草图，完成草图，弹出【拉伸】对话框，拉伸【方向】为【Z】轴方向，其余参数按照图 2-13-22 所示设置，单击【确定】按钮，完成图 2-13-23 所示的拉伸特征。

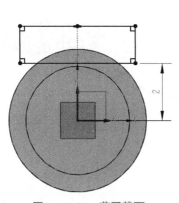

图 2-13-21　草图截面

图 2-13-22　【拉伸】对话框

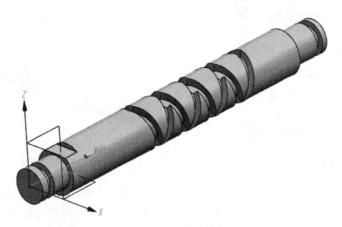

图 2-13-23　拉伸特征

（10）创建镜像特征。执行菜单栏【插入】→【关联复制】→【镜像特征】命令，弹出【镜像特征】对话框，【要镜像的特征】选择图 2-13-23 所示的拉伸特征，【镜像平面】选择 XOY 平面，单击【确定】按钮，完成图 2-13-24 所示的镜像特征。

图 2-13-24　镜像特征

（11）执行【新建】命令，弹出图 2-13-25 所示的【新建】对话框，选择【图纸】选项卡，选择 A3 图纸，输入名称为【双向螺杆】，单击【确定】按钮，进入制图环境。

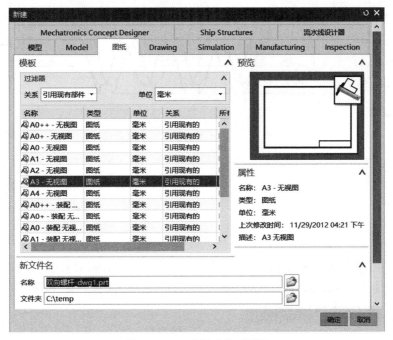

图 2-13-25 【新建】对话框

（12）创建视图。执行菜单栏【插入】→【视图】→【基本】命令，弹出【基本视图】对话框，设置【模型视图】为【俯视图】，【比例】为【5：1】，放置视图在合适位置，结果如图 2-13-26 所示。

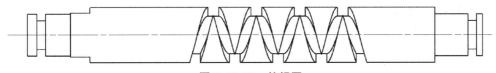

图 2-13-26　俯视图

执行菜单栏【插入】→【视图】→【剖视图】命令，弹出图 2-13-27 所示的【剖视图】对话框，选择图 2-13-28 所示的截面位置，移动鼠标光标向左放置全剖视图，重新调整视图，结果如图 2-13-29 所示。

图 2-13-27 【剖视图】对话框

图 2-13-28　截面位置

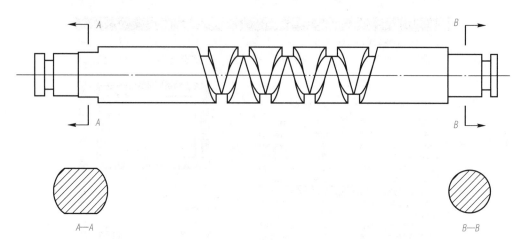

图 2-13-29　全剖视图

（13）创建中心标记。执行【插入】→【中心线】→【中心标记】命令，弹出图 2-13-30 所示的【中心标记】对话框，选择全剖视图圆心位置，绘制中心线，如图 2-13-31 所示。

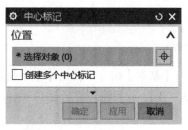

图 2-13-30　【中心标记】对话框

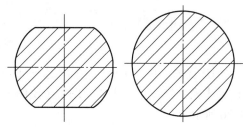

图 2-13-31　中心标记

（14）标注尺寸。执行【插入】→【尺寸】→【快速尺寸】命令，分别标注三个视图，标注结果如图 2-13-32 所示。

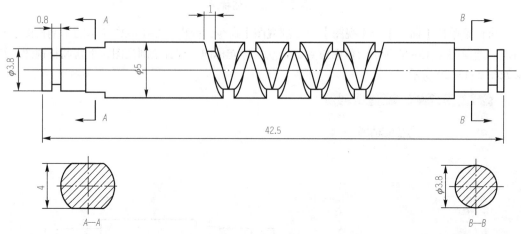

图 2-13-32　尺寸标注

（15）标题栏填写。执行菜单栏【格式】→【图层设置】命令，弹出图 2-3-28 所示的【图层设置】对话框，勾选【170】层，单击【图纸名称】文本框，输入【图纸名称】为【双向螺杆】，单击【双向螺杆】，将字体变为高亮，执行菜单栏【编辑】→【设置】命令，弹出

【设置】对话框，设置【字体高度】为【8】，【字体】为【仿宋】。

单击【比例】文本框，输入【比例】为【5∶1】。单击【5∶1】，将字体变为高亮，设置【字体高度】为【3.5】；单击【单位名称】文本框，输入【单位名称】为【山西机电职业技术学院】，设置【字体高度】为【5】，结果如图 2-13-33 所示。

					双向螺杆		图样标记	质量	比例
									2∶1
标记	处数	更改文件号	签字	日期					
设计							共　页		第　页
校对									
审核					山西机电职业技术学院				
批准									

图 2-13-33　标题栏填写

【相关知识】

【扫掠】是将轮廓曲线沿空间路径曲线扫描，从而形成一个曲面。扫描路径称为引导线串，轮廓曲线称为截面线串。执行菜单栏【插入】→【扫掠】→【扫掠】命令，弹出图 2-13-34 所示的【扫掠】对话框。

图 2-13-34　【扫掠】对话框

（1）截面：用于选择截面线串，可以多达 150 条。

（2）引导线：选择多达 3 条线串来引导扫掠操作。

（3）脊线：可以控制截面线串的方位，避免在导线上不均匀分布参数导致的变形。

175

（4）截面选项。

1）定位方法：

①【固定】方式：在截面线串始终保持截面线与引导线的角度不变，如图 2-13-35 所示。

②【面的法向】方式：将局部坐标系的第二根轴与在引导线串长度上指定的矢量对齐，如图 2-13-36 所示。

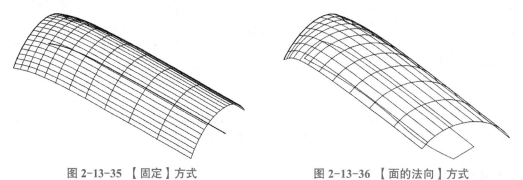

图 2-13-35 【固定】方式   图 2-13-36 【面的法向】方式

③【矢量方向】方式：可以将局部坐标系的第二根轴与在引导线串长度上指定的矢量对齐，如图 2-13-37 所示。

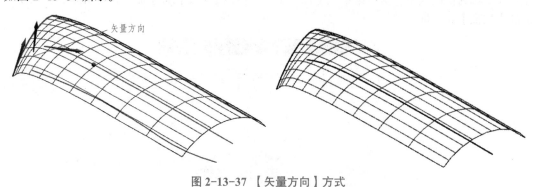

图 2-13-37 【矢量方向】方式

④【另一曲线】方式：使用通过连接引导线上相应的点和其他曲线获取局部坐标系的第二根轴来定向截面，如图 2-13-38 所示。

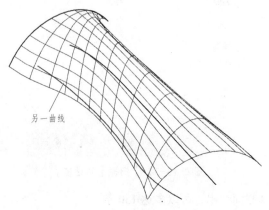

图 2-13-38 【另一曲线】方式

⑤【一个点】方式：与【另一曲线】方式相似，不同之处在于获得第二根轴的方法是通过

引导线串和点之间的三面直纹片体的等价物，如图 2-13-39 所示。

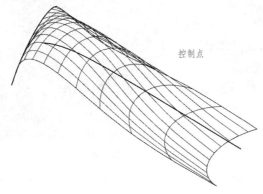

控制点

图 2-13-39 【一个点】方式

⑥【强制方向】方式：用于在截面线串沿引导线串扫掠时通过矢量来固定剖切平面的方位，如图 2-13-40 所示。

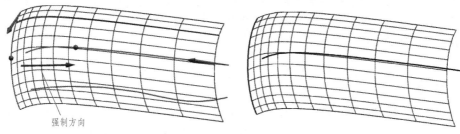

强制方向

图 2-13-40 【强制方向】方式

2）缩放方法：在截面沿引导线串扫掠时，可以增大或减小该截面。

①恒定：指定沿整条引导线保持恒定的比例因子。

②倒圆功能：在指定的起始和终止比例因子之间允许或三次缩放。

③面积规律：通过规律子函数来控制扫掠体的横截面面积。

【素养提升】

数控铣刀

数控铣刀（图 2-13-41）作为现代制造业中的核心工具，其广泛的应用和高精度的加工能力对提升制造业水平具有重要的意义。

数控铣刀是用于铣削加工的、具有一个或多个刀齿的旋转刀具。工作时各刀齿依次间歇地切去工件的余量，主要用于台阶、沟槽、成型表面和切断工件等加工过程。

数控铣刀的种类多样，如圆柱形铣刀，用于卧式铣床上加工平面，刀齿分布在铣刀的圆周上，按齿形分为直齿和螺旋齿两种；按齿数分为粗齿和细齿两种。螺旋齿粗齿铣刀齿数少，刀齿强度高，容屑空间大，适用于粗加工；细齿铣刀适用于精加工。

在数控铣床的使用中，数控铣刀通过编程和控制系统实现高效、精确的加工。它的应用领域广泛，尤其在机械制造业、电子制造业和航空航天等领域中发挥着重要的作用。

扫二维码查看
数控铣刀操作
步骤

图 2-13-41　数控铣刀

数控铣刀的模型设计主要应用【扫掠】命令完成。数控铣刀的模型设计是一项精细而复杂的工作，要求设计者具备严谨细致、精益求精的工匠精神。在设计过程中，需要对每个细节进行反复推敲和优化，确保设计的合理性和可行性。通过数控铣刀的模型设计，培养工匠品质，并将这种精神内化于心、外化于行。

数控铣刀的使用涉及编程、操作和维护等多个方面。在编程过程中，要不断探索新的编程方法和技巧，以提高加工效率和精度。在操作和维护方面，积极寻找解决问题的方法和途径，确保数控铣刀能够稳定运行。

【任务拓展】

完成图 2-13-42 所示网球的造型设计。

图 2-13-42　网球造型设计

【任务评价】

（1）学习了哪些新的知识点？

（2）掌握了哪些新技能点？

（3）对于本次任务的完成情况是否满意？写出课后总结反思。

任务 2.14　齿轮组建模、装配及工程图设计

【任务描述】

通过对齿轮组零件（图 2-14-1）造型、装配及工程图任务的实施，掌握 GC 工具箱（齿轮建模）、拉伸、倒角等基本造型特征的创建方法，齿轮装配中 GC 工具箱（齿轮啮合），以及齿轮组装配工程图中 GC 工具箱（齿轮简化）、符号标注、零件明细表等工具的用法。

【任务分析】

通过对零件图纸的分析，齿轮建模主要利用 GC 工具箱功能，完成齿轮主体部分，利用拉伸、孔等命令完成齿轮造型的其余部分。

扫二维码观看
视频

图 2-14-1　齿轮组零件

【任务实施】

1. 以齿轮 1 为例，创建齿轮 1 基体

（1）执行菜单栏【GC 工具箱】→【齿轮建模】→【柱齿轮】命令，弹出图 2-14-2 所示的【渐开线圆柱齿轮建模】对话框，选择【创建齿轮】，单击【确定】按钮。

（2）在图 2-14-3 所示的【渐开线圆柱齿轮类型】对话框中，选择【直齿轮】【外啮合齿轮】和【滚齿】，单击【确定】按钮。

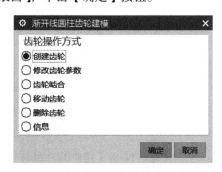

图 2-14-2　【渐开线圆柱齿轮建模】对话框

图 2-14-3　【渐开线圆柱齿轮类型】对话框

（3）在图 2-14-4 所示的【渐开线圆柱齿轮参数】对话框中，选择【标准齿轮】选项卡，输入模数、牙数、齿宽、压力角等参数，分别为 0.6、42、1.6、20，单击【确定】按钮。

（4）在图 2-14-5 所示的【矢量】对话框中的【类型】下拉列表中选择【XC】轴，单击【确定】按钮，弹出图 2-14-6 所示的【点】对话框，输入坐标点（0，0，0），单击【确定】按钮，完成图 2-14-7 所示的齿轮 1 基体模型设计。

图 2-14-4 【渐开线圆柱齿轮参数】对话框　图 2-14-5 【矢量】对话框　图 2-14-6 【点】对话框

图 2-14-7　齿轮 1 基体

2. 完成其余部分

（1）执行【直接草图】→【草图】命令，弹出【创建草图】对话框，选择 YOZ 平面作为草图绘制平面，完成如图 2-14-8 所示的草图。

（2）执行菜单栏【插入】→【拉伸】命令，弹出图 2-14-9 所示的【拉伸】对话框，选择 $\phi22$、$\phi9.5$ 圆作为草图截面，其余参数按图 2-14-9 所示设置，单击【确定】按钮，完成图 2-14-10 所示的拉伸实体 1 模型设计。

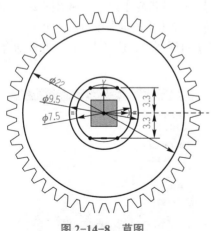

图 2-14-8　草图　　　　　　　　　　图 2-14-9 【拉伸】对话框

（3）继续执行【插入】→【拉伸】命令，弹出图 2-14-11 所示的【拉伸】对话框，选择 $\phi11$ 圆及两条水平线作为草图截面，其余参数按图 2-14-11 所示设置，单击【确定】按钮，完成图 2-14-12 所示的齿轮 1 实体模型设计。

图 2-14-10　拉伸实体 1

图 2-14-11　【拉伸】对话框

其余齿轮按图纸完成，步骤略，最终结果如图 2-14-13 所示［注：齿轮 1 ～ 6 的中心位置分别为（0，0，0）、（0，50，0）、（0，100，0）、（0，0，-50）、（2.1，0，-50）、（2.1，0，0）］。

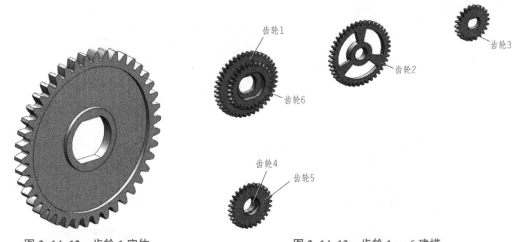

图 2-14-12　齿轮 1 实体

图 2-14-13　齿轮 1 ～ 6 建模

3．完成齿轮组装配

（1）执行菜单栏【GC 工具箱】→【齿轮建模】→【柱齿轮】命令，弹出图 2-14-14 所示的【渐开线圆柱齿轮建模】对话框，选择【齿轮啮合】，单击【确定】按钮。

（2）在图 2-14-15 所示的【选择齿轮啮合】对话框中，选择【齿轮 1】，单击【设置主动齿轮】按钮，选择【齿轮 2】，单击【设置从动齿轮】按钮，单击【中心连线向量】按钮，选择【Y】轴，单击【确定】按钮，完成图 2-14-16 所示的齿轮 1、2 啮合。

（3）用同样的方法完成齿轮2、3啮合。设置【齿轮2】为【主动齿轮】,【齿轮3】为【从动齿轮】,【中心连线向量】为【Y】轴,单击【确定】按钮,完成图2-14-17所示的齿轮2、3啮合。

图2-14-14 【渐开线圆柱齿轮建模】对话框　　　　图2-14-15 【选择齿轮啮合】对话框

图2-14-16　齿轮1、2啮合

图2-14-17　齿轮2、3啮合

（4）继续完成齿轮1、4啮合。设置【齿轮1】为【主动齿轮】,【齿轮4】为【从动齿轮】,【中心连线向量】为【−Z】轴,单击【确定】按钮,完成图2-14-18所示的齿轮1、4啮合。

（5）最后完成齿轮5、6啮合。设置【齿轮6】为【主动齿轮】,【齿轮5】为【从动齿轮】,【中心连线向量】为【−Z】轴,单击【确定】按钮,完成图2-14-19所示的齿轮5、6啮合。

图2-14-18　齿轮1、4啮合

图2-14-19　齿轮5、6啮合

4. 完成齿轮组装配工程图

（1）新建工程图文件。执行【新建】命令，弹出图 2-14-20 所示的【新建】对话框，选择【图纸】选项卡，选择 A3 图纸，输入名称【齿轮组装配】，单击【确定】按钮，进入制图环境。

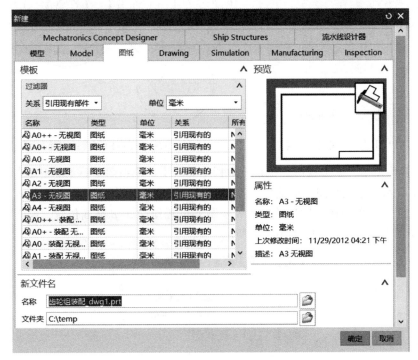

图 2-14-20　【新建】对话框

（2）创建视图。执行菜单栏【插入】→【视图】→【基本】命令，弹出【基本视图】对话框，设置【模型视图】为【右视图】，【比例】为【2∶1】，放置视图在合适位置，结果如图 2-14-21 所示。

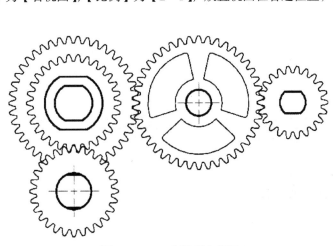

图 2-14-21　齿轮组右视图

（3）齿轮简化。执行菜单栏【GC 工具箱】→【齿轮】→【齿轮简化】命令，弹出图 2-14-22 所示的【齿轮简化】对话框，选择齿轮 1 ～ 6，单击【确定】按钮，完成图 2-14-23 所示的齿轮组简化图。

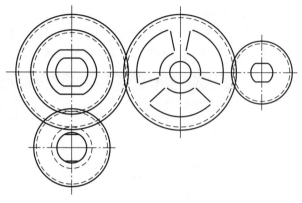

图 2-14-22 【齿轮简化】对话框　　　　　　　图 2-14-23　齿轮组简化图

（4）放置齿轮 1～6 剖视图。执行菜单栏【插入】→【视图】→【剖视图】命令，弹出图 2-14-24 所示的【剖视图】对话框，选择齿轮 1 圆心位置作为 A-A 截面位置，向下移动鼠标光标放置 A-A 剖视图，同理选择齿轮 4 圆心位置作为 B-B 截面位置，向下移动鼠标光标放置 B-B 剖视图，结果如图 2-14-25 所示。

图 2-14-24　【剖视图】对话框

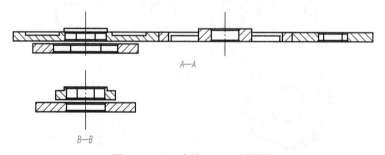

图 2-14-25　齿轮 1～6 剖视图

（5）放置轴测图。执行菜单栏【插入】→【视图】→【基本】命令，弹出【基本视图】对话框，设置【模型视图】为【正等轴测图】,【比例】为【2:1】，放置视图在合适位置，结果如图 2-14-26 所示。

图 2-14-26　齿轮组轴测图

（6）尺寸标注。执行菜单栏【插入】→【注释】→【注释】命令，弹出图 2-14-27 所示的【注释】对话框，文本输入【齿轮 1】，单击鼠标左键选中该对话框中【指引线】→【选择终止对象】，继续单击轴测图中齿轮 1，移动鼠标光标放置合适位置，依次标注齿轮 1～6，结果如图 2-14-28 所示。

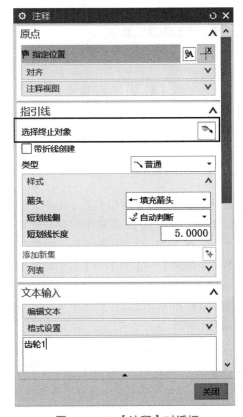

图 2-14-27　【注释】对话框

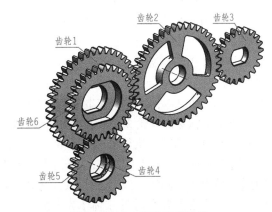

图 2-14-28　齿轮注释标注

执行菜单栏【插入】→【尺寸】→【快速尺寸】命令，标注齿轮简化图，标注结果如图 2-14-29 所示。

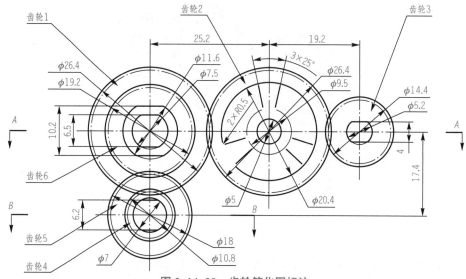

图 2-14-29　齿轮简化图标注

继续标注剖视图，标注结果如图 2-14-30 所示。

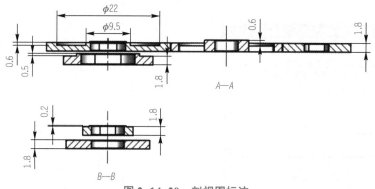

图 2-14-30　剖视图标注

（7）插入齿轮参数表。执行菜单栏【GC 工具箱】→【齿轮】→【齿轮参数】命令，弹出图 2-14-31 所示的【齿轮参数】对话框，选择齿轮1，单击【指定点】，在视图中合适位置处单击鼠标左键，放置齿轮1参数，单击【确定】按钮，完成图 2-14-32 所示的齿轮1参数。

选中图 2-14-32 所示的【齿轮参数】行，执行菜单栏【编辑】→【表】→【取消合并单元格】命令，完成取消合并单元格。单击【齿轮参数】后的文本框，输入文本【代号】，继续单击第一行第三个文本框，输入文本【齿轮1】，结果如图 2-14-33 所示。

同样的方法添加齿轮 2～6 的参数。结果如图 2-14-34 所示。

（8）标题栏填写。执行菜单栏【格式】→【图层设置】命令，弹出图 2-3-28 所示的【图层设置】对话框，勾选【170】层，单击【图纸名称】文本框，输入【图纸名称】为【齿轮组】，单击【齿轮组】，将字体变为高亮，执行菜单栏【编辑】/【设置】命令，弹出【设置】对话框，设置【字体高度】为【8】，【字体】为【仿宋】。

单击【比例】文本框，输入【比例】为【2∶1】。单击【2∶1】，将字体变为高亮，设置【字体高度】为【3.5】；单击【单位名称】文本框，输入【单位名称】为【山西机电职业技术学院】，设置【字体高度】为【5】，结果如图 2-14-35 所示。

齿轮参数		
模数	m	0.60
齿数	z	42
压力角	α	20°
变位系数	x	0.25
分度圆直径	d	25.20
齿顶高系数	$h_a^\star$	
顶隙系数	$c^\star$	1.00
齿顶高	h_a	0.60
齿轮高	h	1.35
精度等级		
分度圆齿厚	s	
孔中心距	a	
孔中心极限偏差	F_a	
公法线长度	W_k	
齿向公差	F_β	
接触点	按齿长方向	
	按齿高方向	
配对齿轮	图号	
	参数	

图 2-14-32　齿轮 1 参数

图 2-14-31　【齿轮参数】对话框

齿轮参数	代号	齿轮1
模数	m	0.60
齿数	z	42
压力角	α	20°
变位系数	x	0.25
分度圆直径	d	25.20
齿顶高系数	$h_a^\star$	
顶隙系数	$c^\star$	1.00
齿顶高	h_a	0.60
齿全高	h	1.35
精度等级		
分度圆齿厚	s	
孔中心距	a	
孔中心极限偏差	F_a	
公法线长度	W_k	
齿向公差	F_β	
接触点	按齿长方向	
	按齿高方向	
配对齿轮	图号	
	参数	

图 2-14-33　齿轮 1 参数编辑文本

齿轮参数	代号	齿轮1	齿轮2	齿轮3	齿轮4	齿轮5	齿轮6
模数	m	0.6	0.6	0.6	0.6	0.6	0.6
齿数	z	42	42	22	16	28	30
压力角	α	20°	20°	20°	20°	20°	20°
变位系数	x	0.25	0.25	0.25	0.25	0.25	0.25
分度圆直径	d	25.2	25.2	13.2	9.6	16.8	18.0
齿顶高系数	$h_a^\star$	—	—	—	—	—	—
顶隙系数	$c^\star$	1.00	1.00	1.00	1.00	1.00	1.00
齿顶高	h_a	0.60	0.60	0.60	0.60	0.60	0.60
齿轮高	h	1.35	1.35	1.35	1.35	1.35	1.35
精度等级							
分度圆齿厚	s						
孔中心距	a						
孔中心极限偏差	F_a						
公法线长度	W_k						
齿向公差	F_β						
接触点	按齿长方向 按齿高方向						
配对齿轮	图号 参数						

图 2-14-34　齿轮 1 ～ 6 参数编辑文本

				齿轮组		图样标记	质量	比例
								2:1
标记	处数	更改文件号	签字	日期		共 页		第 页
设计								
校对					山西机电职业技术学院			
审核								
批准								

图 2-14-35 标题栏填写

【相关知识】

1. GC 工具箱

（1）圆柱齿轮建模。执行菜单栏【GC 工具箱】→【齿轮建模】→【柱齿轮】命令，弹出图 2-14-36 所示的【渐开线圆柱齿轮建模】对话框，选择【创建齿轮】，弹出图 2-14-37 所示的【渐开线圆柱齿轮类型】对话框。

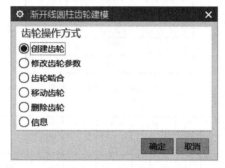

图 2-14-36 【渐开线圆柱齿轮建模】对话框

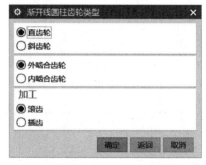

图 2-14-37 【渐开线圆柱齿轮类型】对话框

1）直齿轮：轮齿平行于齿轮轴线的齿轮。

2）斜齿轮：轮齿与轴线呈一定角度的齿轮。

3）外啮合齿轮：齿顶圆直径大于齿根圆直径的齿轮。

4）内啮合齿轮：齿顶圆直径小于齿根圆直径的齿轮。

（2）修改齿轮参数：选择要修改的齿轮，在【渐开线圆柱齿轮参数】对话框中修改齿轮参数，完成齿轮参数的修改。

（3）齿轮啮合：选择要啮合的齿轮，分别设置为主动齿轮和从动齿轮，完成齿轮啮合。

（4）移动齿轮：选择要移动的齿轮，将齿轮移动到合适位置。

（5）删除齿轮：删除视图中不要的齿轮。

2. GC 工具箱（齿轮简化）

在国标中，画齿轮时一般都会使用齿轮的简化画法，即一个齿顶圆、一个分度圆来表示齿轮的外形，在制图模块制作齿轮的简化图。执行菜单栏【GC 工具箱】→【齿轮】→【齿轮简化画法】命令，弹出图 2-14-38 所示的【齿轮简化】对话框，完成图 2-14-39 所示的齿轮简化。

图 2-14-38 【齿轮简化】对话框

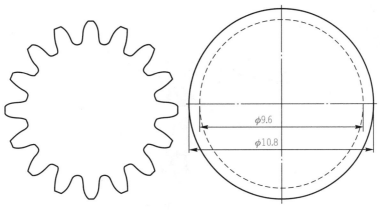

图 2-14-39　齿轮简化

3. 符号标注

创建和编辑标识符号。执行菜单栏【插入】→【注释】→【符号标注】命令，弹出图 2-14-40 所示的【符号标注】对话框，完成图 2-14-41 所示的符号标注。

图 2-14-40　【符号标注】对话框

图 2-14-41　符号标注

（1）类型：指定标识符号类型，包括圆、分割圆、顶角朝下三角形、顶角朝上三角形、正方形、分割正方形、分割六边形、象限圆、圆角方块和下画线。

（2）文本：将文本添加到符号标注。

【素养提升】

共轴反转螺旋桨

共轴反转螺旋桨（图 2-14-42）是涡轮螺旋桨引擎特有的一类螺旋桨。它与普通螺旋桨的主要区别在于其单个发动机上安装了两组并列转动的螺旋桨，这两组螺旋桨转动的角速度方向相反，因此得名。共轴反转螺旋桨的两组螺旋桨通常连接至同一台发动机，并通过一组行星齿轮实现反向旋转。

扫二维码查看
共轴反转螺旋
桨操作步骤

图 2-14-42　共轴反转螺旋桨

　　在船舶推进技术领域，传统的设计方式往往面临效率低下、能耗高等问题。而共轴反转螺旋桨的出现，打破了传统设计的局限，通过两组螺旋桨的反向旋转，实现了更高的推进效率和更好的操纵性能。共轴反转螺旋桨的创新精神鼓励我们在面对问题时，要敢于挑战传统，勇于尝试新的解决方案。

　　共轴反转螺旋桨的模型设计主要利用了锥齿轮的相互啮合。锥齿轮作为一种重要的传动装置，其工作原理是利用齿轮的啮合来实现动力传递。在共轴反转螺旋桨的设计中，锥齿轮的相互啮合起到了关键作用。通过合理的齿轮设计，确保两个螺旋桨叶片在反向旋转时能够稳定、高效地工作。

【任务拓展】

完成图 2-13-43 所示减震器装置的装配设计。

图 2-14-43　减震器装置模型

【任务评价】

（1）学习了哪些新的知识点？

（2）掌握了哪些新技能点？

（3）对于本次任务的完成情况是否满意？写出课后总结反思。

任务 2.15 轴系组件装配、爆炸图及工程图设计

【任务描述】

通过对轴系组件装配零件图（图 2-15-1）、爆炸图及工程图设计任务的实施，掌握添加组件、装配约束（接触、对齐、平行、距离、固定）、重用库等命令的使用方法，爆炸图（新建、编辑、保存）的创建方法，以及工程图中轴测图（爆炸图）、零件明细表、自动符号标注等工具的用法。

扫二维码观看
视频

图 2-15-1 轴系组件装配零件图

【任务分析】

通过对零件图纸的分析，轴系组件装配主要掌握添加组件、装配约束（接触、对齐、平行、距离、固定）、重用库等命令的创建使用方法。本任务主要利用螺旋线命令、扫掠命令完成双向螺杆的螺旋槽部分，利用体素、矩形槽、拉伸等命令完成双向螺杆零件的三维造型的其余部分。具体造型方案设计见表 2-15-1。

表 2-15-1 轴系组件装配零件方案设计

添加固定轴	添加齿轮 1	添加齿轮轴	添加齿轮 6	添加锁紧轴

添加垫片	添加摇臂	添加防转片	添加非标螺母	添加螺钉
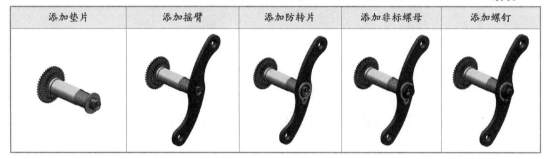				

【任务实施】

1. 新建装配文件

执行菜单栏【文件】→【新建】命令，弹出【新建】对话框，按图 2-15-2 所示设置，单击【确定】按钮，进入【装配】应用模块，弹出【添加组件】对话框，如图 2-15-3 所示。

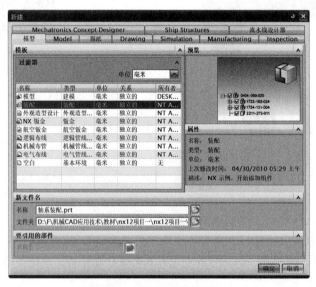

图 2-15-2 【新建】对话框

图 2-15-3 【添加组件】对话框

2. 添加固定轴组件

单击【添加组件】对话框中的【打开】按钮，弹出【部件名】对话框，如图 2-15-4 所示，找到固定轴模型文件，单击【OK】按钮，返回【添加组件】对话框，如图 2-15-5 所示，在【放置】→【定位】下选择【绝对原点】，其他按默认设置，勾选【预览】复选框，弹出【组件预览】对话框；单击【确定】按钮，完成固定轴组件的添加，如图 2-15-6 所示。

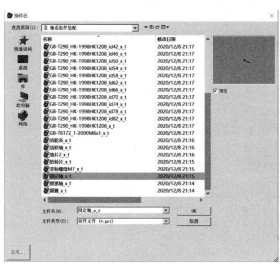

图 2-15-4 【部件名】对话框

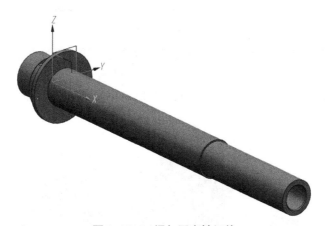

图 2-15-5 【组件预览】和【添加组件】对话框

图 2-15-6 添加固定轴组件

执行菜单栏【装配】→【装配约束】命令，弹出【装配约束】对话框，如图 2-15-7 所示，在【类型】下拉列表中选择【固定】，【要约束的几何体】选择固定轴模型，单击【应用】按钮。

3. 添加齿轮 1 组件

执行菜单栏【装配】→【组件】→【添加组件】命令，弹出如图 2-15-8 所示的【添加组件】对话框，在该对话框中单击【打开】按钮，弹出【部件名】对话框，选择【齿轮 1】模型文件，单击【OK】按钮，返回【添加组件】对话框；在【放置】→【定位】下选择【通过约束】，其他按默认设置，单击【确定】按钮，弹出【装配约束】对话框。

图 2-15-7 【装配约束】对话框

193

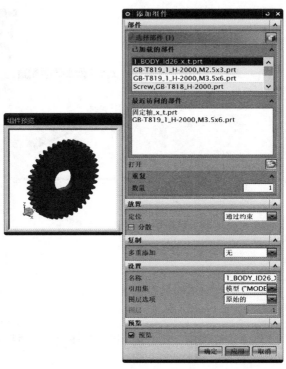

图 2-15-8 【组件预览】和【添加组件】对话框

在【类型】下拉列表中选择【接触对齐】，【方位】选择【自动判断中心/轴】，【选择两个对象】分别为固定轴和齿轮1的中心线；【方位】选择【首选接触】，【选择两个对象】分别为固定轴的面1（图2-15-9）和齿轮1的面1（图2-15-10）；完成齿轮1组件和装配约束的添加，结果如图2-15-11所示。

图 2-15-9　固定轴装配面选择　　图 2-15-10　齿轮 1 装配面选择　　图 2-15-11　添加齿轮 1 组件

4. 添加齿轮轴组件

执行菜单栏【装配】→【组件】→【添加组件】命令，弹出【添加组件】对话框，在该对话框中单击【打开】按钮 ，弹出【部件名】对话框，找到【齿轮轴】模型文件，单击【OK】按钮，返回【添加组件】对话框；在【放置】→【定位】下选择【通过约束】，其他按默认设置，单击【确定】按钮，弹出【装配约束】对话框。

在【类型】下拉列表中选择【接触对齐】，【方位】选择【自动判断中心/轴】，【选择两个对象】分别为固定轴和齿轮轴的中心线；【方位】选择【首选接触】，【选择两个对象】分别为如图 2-15-10 所示齿轮 1 的面 2 和如图 2-15-12 所示齿轮轴的面 1；继续添加【首选接触】约束，【选择两个对象】分别为固定轴的面 1 和齿轮轴的面 2，单击【确定】按钮，完成齿轮轴组件和装配约束的添加，结果如图 2-15-13 所示。

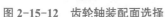

图 2-15-12　齿轮轴装配面选择　　　　　图 2-15-13　添加齿轮轴组件

5. 添加齿轮 6 组件

执行菜单栏【装配】→【组件】→【添加组件】命令，弹出【添加组件】对话框，在该对话框中单击【打开】按钮，弹出【部件名】对话框，选择【齿轮 6】模型文件，单击【OK】按钮，返回【添加组件】对话框；在【放置】→【定位】下选择【通过约束】，其他按默认设置，单击【确定】按钮，弹出【装配约束】对话框。

在【类型】下拉列表中选择【接触对齐】，【方位】选择【自动判断中心 / 轴】，【选择两个对象】分别为齿轮 2 和齿轮轴的中心线，结果如图 2-15-14 所示。

图 2-15-14　添加组件齿轮 6

6. 添加锁紧轴组件

执行菜单栏【装配】→【组件】→【添加组件】命令，弹出【添加组件】对话框，在该对话框中单击【打开】按钮，弹出【部件名】对话框，选择【锁紧轴】模型文件，单击【OK】按钮，返回【添加组件】对话框；在【放置】→【定位】下选择【通过约束】，其他按默认设置，单击【确定】按钮，弹出【装配约束】对话框。

在【类型】下拉列表中选择【接触对齐】，【方位】选择【自动判断中心 / 轴】，【选择两个对象】分别为齿轮轴和锁紧轴的中心线；【方位】选择【首选接触】，【选择两个对象】分别为齿轮 6 的面 1（图 2-15-15）和锁紧轴的面 2（图 2-15-16）；继续添加【首选接触】约束，【选择两个对象】分别为齿轮 6 的面 2（图 2-15-15）和锁紧轴的面 1（图 2-15-16），单击【确定】按钮；继续添加【首选接触】约束，【选择两个对象】分别为齿轮 1 的面 3（图 2-15-17）和锁紧轴的面 3（图 2-15-16），单击【确定】按钮，完成锁紧轴组件和装配约束的添加。

图 2-15-15 齿轮 6 装配面选择

图 2-15-16 锁紧轴装配面选择

图 2-15-17 齿轮 1 装配面选择

通过【移动组件】确定两轴承在锁紧轴上的大概位置（具体位置由所加垫片和所支撑零件确定），完成锁紧轴组件和装配约束的添加，结果如图 2-15-18 所示。

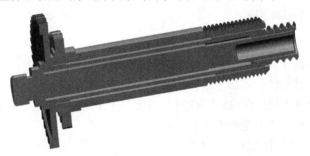
图 2-15-18 添加锁紧轴组件

7. 添加垫片组件

执行菜单栏【装配】→【组件】→【添加组件】命令，弹出【添加组件】对话框，在该对话框中单击【打开】按钮，弹出【部件名】对话框，选择【垫片】模型文件，单击【OK】按钮，返回【添加组件】对话框；在【放置】→【定位】下选择【通过约束】，其他按默认设置，单击【确定】按钮，弹出【装配约束】对话框。

在【类型】下拉列表中选择【接触对齐】，【方位】选择【自动判断中心／轴】，【选择两个对象】分别为齿轮轴和垫片的中心线；在【类型】下拉列表中选择【平行】，【选择两个对象】分别为齿轮轴的面 3（图 2-15-19）和垫片的面 1（图 2-15-20）；执行菜单栏【装配】→【组件位置】→【装配约束】命令，弹出图 2-15-21 所示的【装配约束】对话框，在【类型】下拉列表中选择【接触对齐】，【方位】选择【接触】，【选择两个对象】分别为锁紧轴的面 4（图 2-15-22）和垫片的面 2（图 2-15-20），单击【确定】按钮，完成垫片组件和装配约束的添加，结果如图 2-15-23 所示。

图 2-15-19 齿轮轴装配面选择

图 2-15-20 垫片装配面选择

图 2-15-21 【装配约束】对话框

图 2-15-22　锁紧轴装配面选择

图 2-15-23　添加垫片组件

8．添加摇臂组件

执行菜单栏【装配】→【组件】→【添加组件】命令，弹出【添加组件】对话框，在该对话框中单击【打开】按钮，弹出【部件名】对话框，选择【摇臂】模型文件，单击【OK】按钮，返回【添加组件】对话框；选择【通过约束】，单击【确定】按钮，弹出【装配约束】对话框。

在【类型】下拉列表中选择【接触对齐】，【方位】选择【自动判断中心 / 轴】，【选择两个对象】分别为摇臂和垫片的中心线；在【类型】下拉列表中选择【接触对齐】，【方位】选择【接触】，【选择两个对象】分别为摇臂的平面和垫片的面，单击【确定】按钮，完成摇臂组件和装配约束的添加，结果如图 2-15-24 所示。

9．添加防转片组件

执行菜单栏【装配】→【组件】→【添加组件】命令，弹出【添加组件】对话框，在该对话框中单击【打开】按钮，弹出【部件名】对话框，选择【防转片】模型文件，单击【OK】按钮，返回【添加组件】对话框；选择【通过约束】，单击【确定】按钮，弹出【装配约束】对话框。

在【类型】下拉列表中选择【接触对齐】，【方位】选择【自动判断中心 / 轴】，【选择两个对象】分别为齿轮轴和防转片的中心线；在【类型】下拉列表中选择【接触对齐】，【方位】选择【接触】，【选择两个对象】分别为摇臂的面和防转片的面，单击【确定】按钮，完成防转片组件和装配约束的添加，结果如图 2-15-25 所示。

图 2-15-24　添加摇臂组件

图 2-15-25　添加防转片组件

10．添加非标螺母组件

执行菜单栏【装配】→【组件】→【添加组件】命令，弹出【添加组件】对话框，在该对话框中单击【打开】按钮，弹出【部件名】对话框，选择【非标螺母】模型文件，单击【OK】按钮，返回【添加组件】对话框；选择【通过约束】，其他按默认设置，单击【确定】按钮，弹出【装配约束】对话框。

在【类型】下拉列表中选择【接触对齐】,【方位】选择【自动判断中心/轴】,【选择两个对象】分别为非标螺母和防转片的中心线；在【类型】下拉列表中选择【接触对齐】,【方位】选择【接触】,【选择两个对象】分别为非标螺母的面（图2-15-26），单击【确定】按钮，完成非标螺母组件和装配约束的添加，结果如图2-15-27所示。

图2-15-26　非标螺母面选择

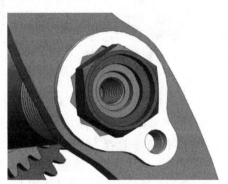

图2-15-27　添加非标螺母组件

11. 添加螺钉组件

单击【重用库】按钮，依次选择【GB Standard Parts】→【Screw】→【Pan Head】，选中螺钉型号GB-T818_H-2000，如图2-15-28所示，按住鼠标左键将该螺钉组件拖动至工作区域，松开左键，弹出【添加可重用组件】对话框，按图2-15-29所示进行设置。

图2-15-28　螺钉型号GB-T818_H-2000

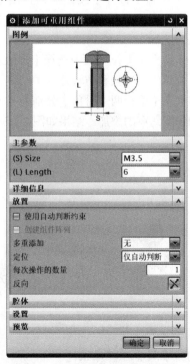

图2-15-29　【添加可重用组件】对话框

执行菜单栏【装配】→【组件位置】→【装配约束】命令，弹出【装配约束】对话框，在【类型】下拉列表中选择【接触对齐】,【方位】选择【自动判断中心/轴】,【选择两个对象】分别为螺钉和非标螺母的中心线；在【类型】下拉列表中选择【接触对齐】,【方位】选择【接触】，【选择两个对象】分别为非标螺母的面（图 2-15-30）和螺钉的面（图 2-15-31），单击【确定】按钮，完成螺钉 M3.5 组件和装配约束的添加，结果如图 2-15-32 所示。

图 2-15-30　非标螺母面选择

图 2-15-31　螺钉面选择

图 2-15-32　添加螺钉 M3.5 组件

继续添加螺钉 M2.5，参数按图 2-15-33 所示设置，步骤同上，结果如图 2-15-34 所示。完成轴系组件装配，结果如图 2-15-35 所示。

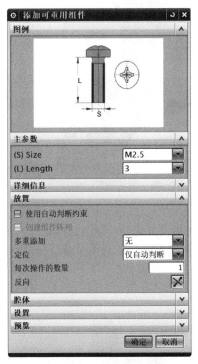

图 2-15-33　【添加可重用组件】对话框

图 2-15-34　添加螺钉 M2.5 组件

图 2-15-35　轴系组件装配

12. 完成轴系组件爆炸图

执行菜单栏【装配】→【爆炸图】→【新建爆炸图】命令，弹出图 2-15-36 所示的【新建爆炸图】对话框，输入名称为【轴系组件爆炸图】。

执行菜单栏【装配】→【爆炸图】→【编辑爆炸图】命令，弹出图 2-15-37 所示的【编辑爆

图 2-15-36　【新建爆炸图】对话框

炸图】对话框，选择【选择对象】，单击鼠标选中轴系组件中的两个螺钉，螺钉部分变为高亮，如图 2-15-38 所示，继续选择【编辑爆炸图】对话框中的【移动对象】，如图 2-15-39 所示，螺钉位置出现坐标系，如图 2-15-40 所示。

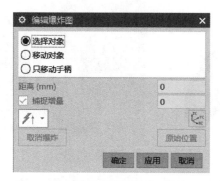

图 2-15-37 【编辑爆炸图】对话框 1

图 2-15-38 选择螺钉

图 2-15-39 【编辑爆炸图】对话框 2

图 2-15-40 移动螺钉

单击坐标系中 X 轴，移动鼠标光标将螺钉放置在合适位置，如图 2-15-41 所示。

选择【编辑爆炸图】对话框中的【选择对象】，按住 Shift 键选择螺钉，取消选择螺钉，选中轴系组件中的螺母，螺母变为高亮；选择【编辑爆炸图】对话框中的【移动对象】，螺钉位置出现坐标系，如图 2-15-42 所示。

图 2-15-41 放置螺钉

图 2-15-42 移动螺钉

单击坐标系中 X 轴，拖动鼠标将螺母放置在合适位置，如图 2-15-43 所示。

图 2-15-43　移动螺母

重复上述步骤，取消选择螺母，选中轴系组件中的防转片，如图 2-15-44 所示。将防转片放置在合适位置，如图 2-15-45 所示。

图 2-15-44　选择防转片

图 2-15-45　移动防转片

取消选择防转片，选中轴系组件中的摇臂，如图 2-15-46 所示。将摇臂放置在合适位置，如图 2-15-47 所示。

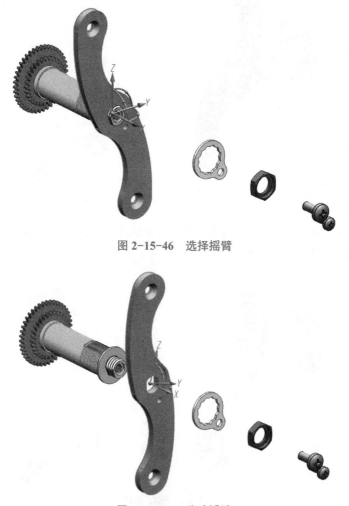

图 2-15-46　选择摇臂

图 2-15-47　移动摇臂

　　取消选择摇臂，选中轴系组件中的固定轴，如图 2-15-48 所示。将固定轴放置在合适位置，如图 2-15-49 所示。

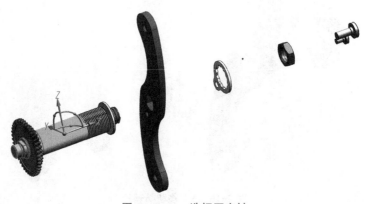

图 2-15-48　选择固定轴

图 2-15-49　移动固定轴

　　取消选择固定轴，选中轴系组件中的齿轮 1、齿轮 6，如图 2-15-50 所示。将齿轮 1、齿轮 6 放置在合适位置，如图 2-15-51 所示。

图 2-15-50　选择齿轮 1、齿轮 6

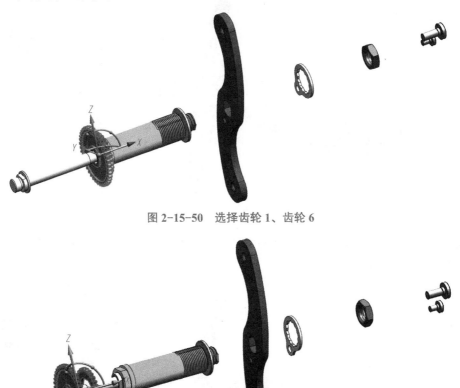

图 2-15-51　移动齿轮 1、齿轮 6

　　取消选择齿轮 1、齿轮 6，选中轴系组件中的垫片，如图 2-15-52 所示。将垫片放置在合适位置，如图 2-15-53 所示。

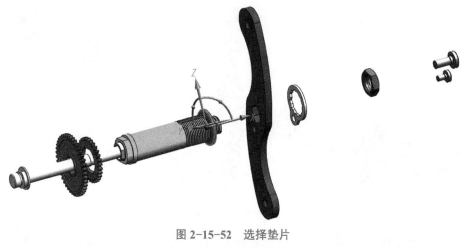

图 2-15-52　选择垫片

图 2-15-53　移动垫片

　　取消选择垫片，选中轴系组件中的锁紧轴，如图 2-15-54 所示。将锁紧轴放置在合适位置，如图 2-15-55 所示。

图 2-15-54　选择锁紧轴

图 2-15-55　移动锁紧轴

取消选择锁紧轴，选中轴系组件中的齿轮轴，如图 2-15-56 所示。将齿轮轴放置在合适位置，如图 2-15-57 所示。

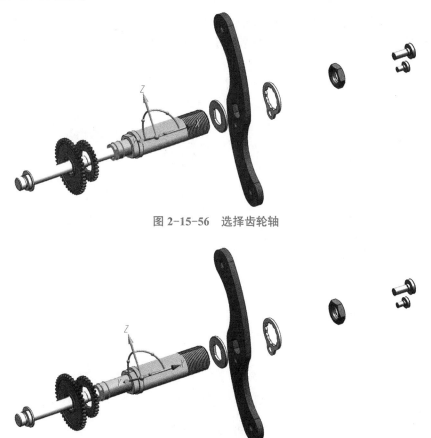

图 2-15-56　选择齿轮轴

图 2-15-57　移动齿轮轴

执行菜单栏【视图】→【操作】→【另存为】命令，弹出图 2-15-58 所示的【保存工作视图】对话框，输入名称为【轴系组件爆炸图】，单击【确定】按钮。

图 2-15-58 【保存工作视图】对话框

13. 完成轴系组件工程图设计

（1）新建图纸页，进入制图环境。执行菜单栏【文件】→【打开】命令，弹出图 2-15-59 所示的【打开】对话框，选择【轴系组件装配】，单击【OK】按钮，进入建模模块。

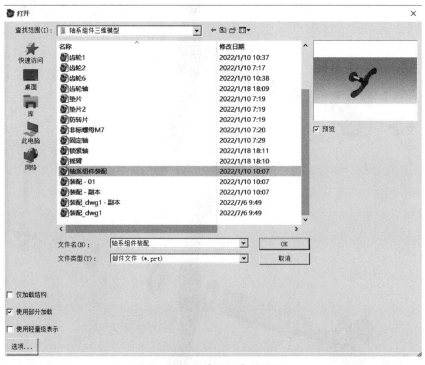

图 2-15-59 【打开】对话框

执行菜单栏【文件】→【新建】命令，弹出图 2-15-60 所示的【新建】对话框，选择【A3-装配 无视图】，单击【确定】按钮，进入制图模块。

（2）添加基本视图。执行菜单栏【插入】→【视图】→【基本】命令，弹出图 2-15-61 所示的【基本视图】对话框，设置【模型视图】为【轴系组件爆炸图】，放置视图在合适位置，结果如图 2-15-62 所示。

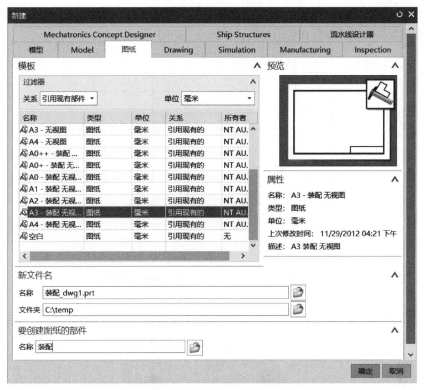

图 2-15-60 【新建】对话框

图 2-15-61 【基本视图】对话框

图 2-15-62 爆炸图放置

（3）创建零件明细表。执行菜单栏【插入】→【表】→【零件明细表】命令，跟随鼠标光标出现零件明细表，将其放置在合适位置，如图 2-15-63 所示。

11	固定轴	1
10	齿轮1	1
9	齿轮轴	1
8	齿轮6	1
7	锁紧轴	1
6	垫片2	1
5	摇臂	1
4	防转片	1
3	非标螺母M7	2
2	GB-T818_H-2000, M3.5×8	1
1	GB-T818_H-2000, M3.5×4	1
序号	名称	数量

图 2-15-63　零件明细表

（4）标注零件序号。执行菜单栏【插入】→【表格】→【自动符号标注】命令，单击图 2-15-63 所示的零件明细表，生成图 2-15-64 所示的零件序号。

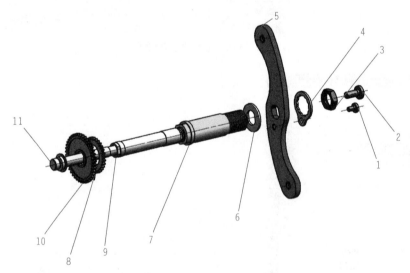

图 2-15-64　标注零件序号

（5）标题栏填写。执行菜单栏【格式】→【图层设置】命令，弹出图 2-3-28 所示的【图层设置】对话框，勾选【170】层，单击【图纸名称】文本框，输入图纸名称为【轴系组件装配】，单击【轴系组件装配】，将字体变为高亮，执行菜单栏【编辑】→【设置】命令，弹出【设置】对话框，设置【字体高度】为【8】，【字体】为【仿宋】。

单击【比例】文本框，输入【比例】为【1:1】。单击【1:1】，将字体变为高亮，设置字体【高度】为【3.5】；单击【单位名称】文本框，输入【单位名称】为【山西机电职业技术学院】，设置【字体高度】为【5】，结果如图 2-15-65 所示。

				轴系组件装配		图样标记		质量	比例
									2 : 1
标记	处数	更改文件号	签字	日期					
设计						共 页		第 页	
校对									
审核					山西机电职业技术学院				
批准									

图 2-15-65　标题栏填写

【相关知识】

1．装配

装配是把零件组装成部件或产品模型，通过配对条件在各部件之间建立约束关系，确定其位置关系，建立各部件之间链接关系。

（1）添加组件。执行菜单栏【装配】→【组件】→【添加组件】命令，弹出图 2-15-66 所示的【添加组件】对话框。

定位有以下几种方式：

1）绝对原点：按照绝对定位方式确定部件在装配图中的位置。

2）选择原点：用于按绝对定位方式添加组件到装配图的操作，用于指定组件在装配图中的目标位置。

3）通过约束：按照几何对象之间的配对关系指定部件在装配图中的位置。

4）移动：用于在部件添加到装配图以后，重新对其进行定位。

（2）移动组件。执行菜单栏【装配】→【组件位置】→【移动组件】命令，弹出图 2-15-67 所示的【移动组件】对话框。

图 2-15-66　【添加组件】对话框

图 2-15-67　【移动组件】对话框

运动主要有以下几种方式：

1）动态：用于通过拖动，使用图形窗口中的输入框或通过点对话框来重新定义组件。

2）通过约束：用于通过移动组件的约束来移动组件。

3）点到点：采用点到点的方式移动组件。

4）增量 XYZ：用于沿 X、Y 和 Z 坐标轴方向移动一个距离。

5）角度：用于指定矢量和轴点旋转组件，输入要旋转的角度值。

6）距离：用于指定矢量和距离移动组件，输入要移动的距离值。

（3）装配约束。约束关系是指组件的点、边、面等几何对象之间的配对关系，以此确定组件在装配中的相对位置。执行菜单栏【装配】→【组件位置】→【装配约束】命令，弹出图 2-15-68 所示的【装配约束】对话框。

图 2-15-68　【装配约束】对话框

1）接触对齐。

①接触：是指约束对象贴着约束对象，如图 2-15-69（a）所示。

②对齐：是指约束对象与约束对象是对齐的，并在同一个点、线或平面上，如图 2-15-69（b）所示。

③自动判断中心 / 轴：使圆锥、圆柱和圆环面的轴线重合，如图 2-15-69（c）所示。

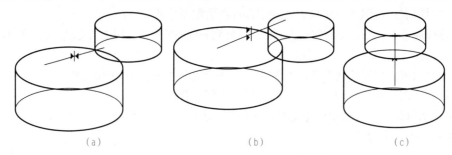

（a）　　　　　　　　　　　（b）　　　　　　　　　　　（c）

图 2-15-69　接触对齐

（a）接触；（b）对齐；（c）自动判断中心 / 轴

2）同心：约束两个组件的圆形边界或椭圆边界，以使中心重合，并使边界的面共面，如图 2-15-70 所示。

3）距离：调整组件在装配中的定位，如图 2-15-71 所示。

4）固定：将组件固定在其当前位置，如图 2-15-72 所示。

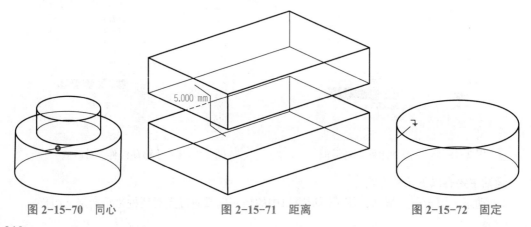

图 2-15-70　同心　　　　　　　图 2-15-71　距离　　　　　　　图 2-15-72　固定

5）垂直：定义两个对象的方向矢量为互相垂直，如图 2-15-73 所示。

6）中心：使一对对象之间的一个或两个对象居中，或使一对对象沿着另一个对象居中。

①1 对 2：用于约束一个对象定位到另两个对象的对称中心上，如图 2-15-74 所示。

②2 对 1：用于约束两个对象的中心对准另一个对象。

③2 对 2：用于约束两个对象的中心对准另两个对象的中心，如图 2-15-75 所示。

7）角度：两个对象呈一定角度的约束，如图 2-15-76 所示。

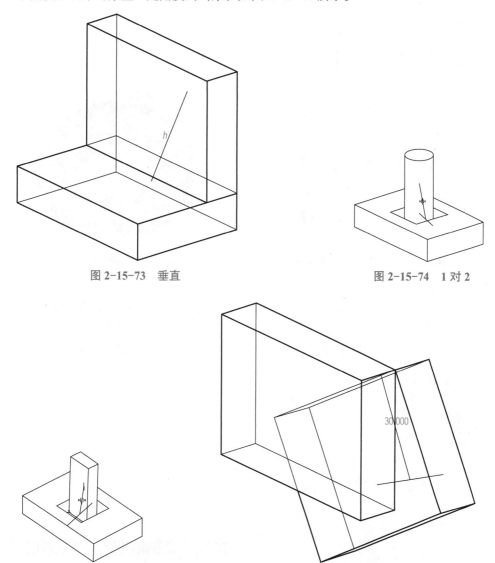

图 2-15-73　垂直　　　　　　　　　　　　　图 2-15-74　1 对 2

图 2-15-75　2 对 2　　　　　　　　　图 2-15-76　角度

2. 重用库

使用重用库可重用对象和组件，并将其用于模型或装配。可重用组件将作为组件添加到装配中，重用库可以调取国标的标准件，不用每次都绘制。图 2-15-77 所示为【重用库】导航器。展开导航栏的重用库，在【GB standard parts】文件夹选择要插入标准件，拖出想要的标准件即可实现重用库标准件的调用，如图 2-15-78 所示。

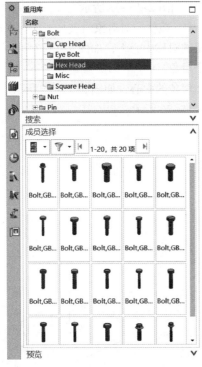

图 2-15-77 【重用库】导航器

图 2-15-78 重用库调用

3. 爆炸图

爆炸图可以清晰地了解产品的内部结构及部件的装配顺序，如图 2-15-79 所示。

（1）创建爆炸图：执行菜单栏【装配】→【爆炸图】→【新建爆炸图】命令，弹出图 2-15-80 所示的【新建爆炸图】对话框，输入爆炸图的名称，创建新的爆炸图。

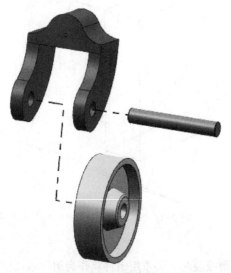

图 2-15-79 爆炸图

图 2-15-80 【新建爆炸图】对话框

（2）编辑爆炸图：执行菜单栏【装配】→【爆炸图】→【编辑爆炸图】命令，弹出图 2-15-81 所示【编辑爆炸图】对话框，对组件重新定位，达到理想的分散、爆炸效果。

（3）保存爆炸图：执行菜单栏【视图】→【操作】→【另存为】命令，弹出图2-15-82所示的【保存工作视图】对话框，输入【爆炸图】名称，单击【确定】按钮。

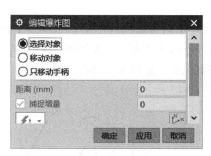

图2-15-81 【编辑爆炸图】对话框

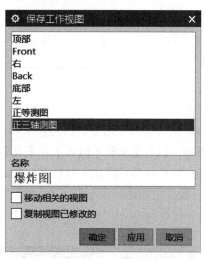

图2-15-82 【保存工作视图】对话框

4. 爆炸图视图

爆炸图视图是一个模型视图，通常采用轴测视图的方位。爆炸图视图可清晰地反映装配体中零件的位置关系。执行菜单栏【插入】→【视图】→【基本】命令，弹出图2-15-83所示的【基本视图】对话框。选择【爆炸图】模型视图，完成图2-15-84所示的爆炸图视图。

图2-15-83 【基本视图】对话框

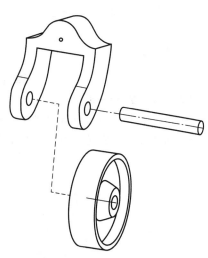

图2-15-84 爆炸图视图

5. 零件明细表

零件明细表是装配工程图中必不可少的一种表格。执行菜单栏【插入】→【表】→【零件明细表】命令，跟随鼠标光标出现零件明细表，将其设置在合适位置，如图2-15-85所示。

3	轮轴	1
2	滚轮	1
1	轮架	1
PC NO	PART NAME	QTY

图 2-15-85　放置【零件明细表】

6. 自动符号标注

【自动符号标注】命令可以根据零件明细表中的显示内容对图样中的一个或多个视图添加 ID 符号。执行菜单栏【插入】→【表】→【自动符号标注】命令，弹出图 2-15-86 所示的【零件明细表自动符号标注】对话框。自动符号标注系统提示选择要自动标注符号的零件明细表，选择图样上创建的零件明细表，标注结果如图 2-15-87 所示。

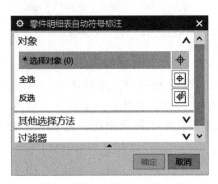

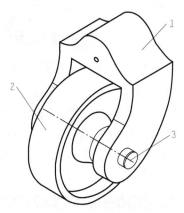

图 2-15-86　【零件明细表自动符号标注】对话框　　　图 2-15-87　自动符号标注

【素养提升】

推拉式夹钳压紧器

快速夹钳（图 2-15-88）作为一种实用的工具，在工业生产中发挥着重要的作用。它不仅提高了生产效率，也降低了操作难度。快速夹钳解决了传统夹具操作复杂、效率低下的问题，通过巧妙的结构设计，实现了快速、准确地夹持工件。

扫二维码查看推拉式夹钳压紧器操作步骤

图 2-15-88　快速夹钳模型

通过快速夹钳的装配，全面而深入地了解其内部构造。每一个部件、每一个细节都凝聚着设计者的智慧和匠心。通过亲手组装，更直观地感受到快速夹钳的工作原理，对其结构和工作方式有更为深入的认识。在装配的每一个步骤中，仔细观察、思考，并解决可能出现的问题，充分发挥创新思维，寻找最佳的解决方案。

【任务拓展】

完成图 2-15-89 所示电缆拉紧装置的装配设计。

图 2-15-89 电缆拉紧装置

【任务评价】

（1）学习了哪些新的知识点？

（2）掌握了哪些新技能点？

（3）对于本次任务的完成情况是否满意？写出课后总结反思。

项目 3　涡轮增压器装置的模型构建

【知识目标】

1. 掌握三维建模命令；
2. 掌握装配功能命令；
3. 掌握工程图命令。

【能力目标】

1. 能够综合运用各种三维建模的基本方法和技巧构建三维模型；
2. 能够熟练掌握三维建模软件中的组件设计和装配功能；
3. 能够根据设计需求使用适当的命令和技巧进行零部件的设计、装配和绘制相应的工程图。

【素质目标】

1. 采用严谨认真的科学思维方式来分析和解决问题，注重细节；
2. 形成认真负责的工作态度和一丝不苟的工作作风，在实际操作中表现出高度的专业性；
3. 面对复杂的设计问题时，能主动思考，提出创新性的解决方案。

【项目简介】

　　涡轮增压器装置是用于内燃机的空气增压装置。其利用发动机排出的废气能量，驱动涡轮旋转压缩进气空气，提高进气量和增加发动机的功率输出。涡轮增压器装置将大量的空气压缩后送入气缸中，实现了较高的进气密度，从而提高了发动机燃烧室内的燃料燃烧效率。涡轮增压器装置能够为发动机提供更高的输出功率，提高车辆的动力性能和燃油经济性。涡轮增压器装置已经被广泛应用于一些高性能发动机上，如赛车和某些高端车型。此外，涡轮增压器装置应用于柴油发动机、航空发动机等领域中，以提高发动机性能和能效。

　　涡轮增压器装置的模型（图 3-0-1）共计 23 个零件，本项目选择 4 个典型零件作为学习任务。零件是继基础篇之后的进阶篇，包含了复杂曲面的模型构建、复杂结构件的模型构建等。相比基础篇，本项目设计的机械结构更为复杂，对应 UG NX 功能及命令包括网格曲面、扫描曲面、拉伸、旋转、倒角、倒圆角、面倒圆、孔、螺纹、镜像、管道、修剪体、拔模、偏置面、阵列特征、阵列几何特征等。

　　通过本项目的学习，学生应能够掌握复杂曲面构建的一般思路和方法，以及相关命令关键参数的设置。本项目内容适合机械类学生针对复杂结构零件、复杂曲面类零件建模的学习。

图 3-0-1 涡轮增压器装置模型

任务 3.1　涡轮叶轮模型设计

【任务描述】

通过对涡轮叶轮模型（图 3-1-1）设计任务的实施，熟练掌握并综合运用草图绘制、拉伸、旋转等基本实体特征的创建方法，以及扫掠、倒圆角、倒角、孔的创建技巧，全面提升三维建模能力。涡轮叶轮的造型方法对于其他同类零件的造型具有一定的借鉴和参考价值。

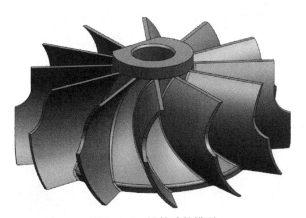

图 3-1-1　涡轮叶轮模型

扫二维码观看
视频

【任务分析】

通过对零件图纸的分析，涡轮叶轮的三维造型主要利用螺旋线命令、扫掠命令完成涡轮叶轮的叶片部分，利用拉伸、旋转、倒圆角、倒角、孔等命令完成涡轮叶轮零件的三维造型的其余部分，具体模型方案设计见表 3-1-1。

表 3-1-1　涡轮叶轮的模型方案设计

创建旋转实体	创建扫掠特征	创建阵列特征
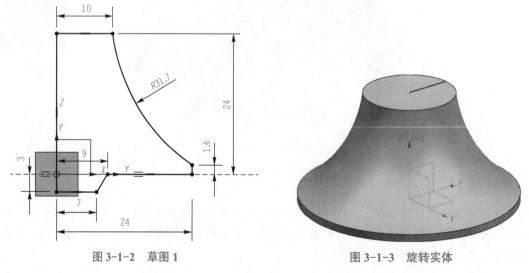		
布尔求和运算	创建旋转特征（差）	创建体素特征
拉伸实体（差）	创建孔特征	生成倒斜角及边倒圆

【任务实施】

（1）新建模型文件，命名为"涡轮叶轮 .prt"。

（2）创建旋转实体。单击【草图】按钮▨，弹出【创建草图】对话框，选择 *X–Z* 平面作为草图平面，单击【确定】按钮，进入草图，绘制图 3-1-2 所示的草图，单击【完成草图】按钮▨ 完成草图，完成草图绘制。

执行菜单栏【插入】→【设计特征】→【旋转】命令，弹出【旋转】对话框，选择图 3-1-2 所示的草图 1 为截面，【旋转轴】为【+*ZC*】轴，旋转角度：【开始】选项选择【值】，【角度】输入【0】；【结束】选项选择【值】，【角度】输入【360】，结果如图 3-1-3 所示。

图 3-1-2　草图 1　　　　　　　　　　图 3-1-3　旋转实体

单击【边倒圆】按钮![icon]，弹出如图3-1-4所示【边倒圆】对话框，参考图3-1-4所示设置参数，选择图3-1-5所示的边倒圆边。

图 3-1-4 【边倒圆】对话框

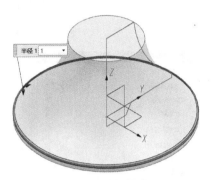

图 3-1-5 边倒圆边

（3）创建扫掠特征。单击【草图】按钮![icon]，弹出【创建草图】对话框，选择 X–Y 平面作为草图平面，绘制图3-1-6所示的草图2，单击【完成草图】按钮![icon] 完成草图，完成草图绘制。

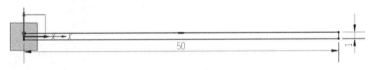

图 3-1-6 草图 2

单击【草图】按钮![icon]，弹出【创建草图】对话框，选择旋转特征上表面作为草图平面，绘制图3-1-7所示的草图3，单击【完成草图】按钮![icon] 完成草图，完成草图绘制。

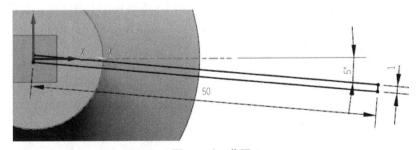

图 3-1-7 草图 3

单击【草图】按钮![icon]，弹出【创建草图】对话框，选择 YOZ 平面，绘制图3-1-8所示的草图4，单击【完成草图】按钮![icon] 完成草图，完成草图绘制。

执行【曲面】→【扫掠】命令，弹出如图3-1-9所示的【扫掠】对话框，【截面】选择【草图3】，单击【添加新集】按钮，选择【草图4】，【引导线】选择【草图4】中的圆弧，定位的矢量方向为【Z】轴，其余参数按图3-1-9所示设置，单击【确定】按钮，生成图3-1-10所示的实体。

图 3-1-8 草图 4

图 3-1-9 【扫掠】对话框

图 3-1-10 扫掠特征

（4）创建阵列特征。单击【阵列特征】按钮，弹出【阵列特征】对话框，选择扫掠特征，其余参数按图 3-1-11 所示设置，单击【确定】按钮，完成图 3-1-12 所示的阵列特征。

图 3-1-11 【阵列特征】对话框

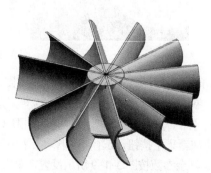

图 3-1-12 阵列特征

单击【合并】按钮 合并，弹出【合并】对话框，【目标】选择旋转体，【工具】选择其余部分，单击【确定】按钮，对阵列特征进行布尔求和运算，如图 3-1-13 所示。

（5）创建旋转特征（差）。单击【草图】按钮，弹出【创建草图】对话框，选择 YZ 平面，绘制图 3-1-14 所示的草图 5，单击【完成草图】按钮 完成草图，完成草图绘制。

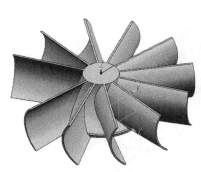

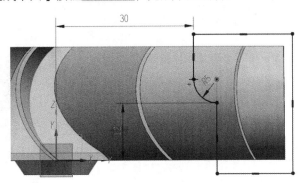

图 3-1-13　布尔求和运算　　　　　　　图 3-1-14　草图 5

单击【旋转】按钮，弹出如图 3-1-15 所示的【旋转】对话框，选择图 3-1-14 所示的草图 5 为截面，【旋转轴】为【+ZC】轴，旋转角度：【开始】选项选择【值】，【角度】输入【0】；【结束】选项选择【值】，【角度】输入【360】，布尔求差运算，结果如图 3-1-16 所示。

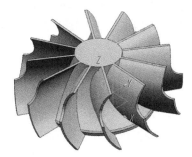

图 3-1-15　【旋转】对话框　　　　　　　图 3-1-16　旋转特征

（6）创建体素特征。执行菜单栏【插入】→【设计特征】→【圆柱】命令，弹出如图 3-1-17 所示的【圆柱】对话框，输入【直径】为【20】，【高度】为【3】，【指定矢量】为【Z】轴，【指定点】为【上表面的圆心位置】，【布尔】运算为【求和】，生成结果如图 3-1-18 所示。

（7）拉伸实体（差）。单击【草图】按钮，弹出【创建草图】对话框，选择圆柱上表平面作为草图平面，绘制图 3-1-19 所示的草图 6，单击【完成草图】按钮 完成草图，完成草图绘制。

单击【拉伸】按钮，弹出【拉伸】对话框，选择刚才绘制的草图作为截面，方向为【ZC】轴，【开始】值为【0】，【结束】值为【1.5】，结果如图 3-1-20 所示。

图 3-1-17 【圆柱】对话框

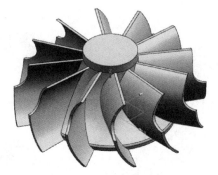

图 3-1-18 体素特征

图 3-1-19 草图 6

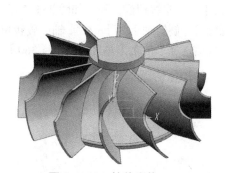

图 3-1-20 拉伸实体

（8）创建孔特征。执行菜单栏【插入】→【设计特征】→【孔】命令，弹出如图 3-1-21 所示的【孔】对话框，按照图 3-1-21 所示设置参数，选择新建体素中心位置，生成结果如图 3-1-22 所示。

图 3-1-21 【孔】对话框

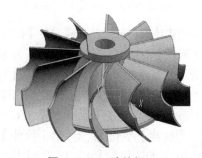

图 3-1-22 孔特征

（9）生成倒斜角及边倒圆。单击【倒斜角】按钮  倒斜角，弹出如图 3-1-23 所示的【倒斜角】对话框，参考图 3-1-23 所示设置参数，选择图 3-1-24 所示的边，单击【确定】按钮。

图 3-1-23　【倒斜角】对话框

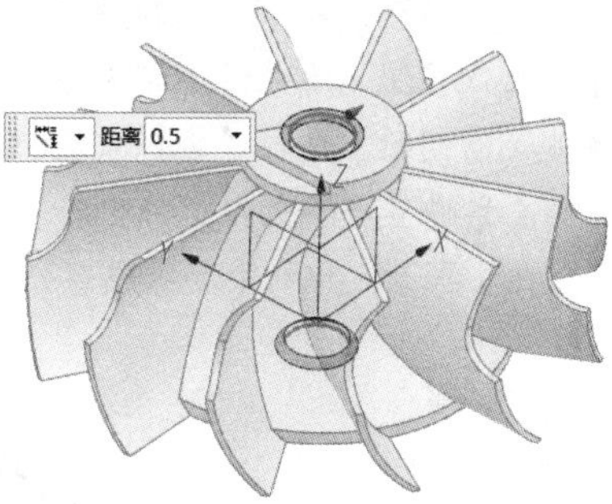

图 3-1-24　倒斜角边

单击【边倒圆】按钮，弹出如图 3-1-25 所示的【边倒圆】对话框，参考图 3-1-25 所示设置参数，选择图 3-1-26 所示的边，单击【确定】按钮，最终结果如图 3-1-27 所示。

图 3-1-25　【边倒圆】对话框

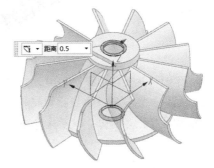

图 3-1-26　边倒圆边

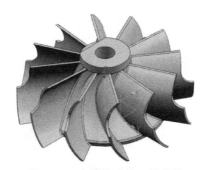

图 3-1-27　涡轮叶轮三维模型

【素养提升】

紫砂壶

紫砂壶（图 3-1-28）作为中国古代传统工艺品，凝聚了古代人的智慧与匠心。它不仅是泡茶的器具，更是传承中国茶文化的载体，以及展现中国古代工艺艺术的重要代表。制作紫砂壶的紫砂泥原产于江苏宜兴，其独特的矿物质组成使紫砂壶既具有良好的透气性，又能保持茶叶的色香味，长时间泡茶而茶味不减。这种对原料的精选和利用，展现了古代人在材料科学方面的深刻认识。紫砂壶的造型设计也是古代人智慧的体现。从简单的几何形状到复杂的仿生形态，紫砂壶的形态各异，展现出古代工匠的巧妙构思和精湛技艺。这些设计不仅美观大方，而且符合人体工学原理，便于握持和使用。紫砂壶的制作工艺更是体现了古代人的精湛技艺和智慧。从选泥、炼泥、制坯、成型、烧制到最后的打磨，每一个步骤都需要匠人用心去完成。其中，烧制过程中的火候控制尤为关键，稍有不慎就会导致紫砂壶的变形或开裂。这种对工艺的精细掌控和对技术的不断创新，展现了古代人在工艺制作方面的卓越才能。紫砂壶的文化内涵也体现了古代人的智慧。紫砂壶与茶文化紧密相连，它不仅是泡茶的工具，更是品味生活、修身养性的媒介。紫砂壶不仅是中国茶文化的重要组成部分，还是中华民族传统文化的重要载体。

扫二维码观看紫砂壶操作步骤

图 3-1-28　紫砂壶

　　紫砂壶作为一种传统的中国茶具，其精美的外形和实用的功能深受人们喜爱。在紫砂壶的模型设计过程中，主要采用了扫掠和旋转命令。在紫砂壶的设计过程中，扫掠命令可以用来形成壶身、壶嘴及壶把等部位。旋转命令用于创建壶盖和其他需要围绕中心轴线对称的结构。

【任务拓展】

　　完成图 3-1-29 所示的卡箍三维模型。

扫二维码观看视频

图 3-1-29　卡箍三维模型

【任务评价】

（1）学习了哪些新的知识点？

（2）掌握了哪些新技能点？

（3）对于本次任务的完成情况是否满意？写出课后总结反思。

任务 3.2　压气机叶轮模型设计

【任务描述】

通过对压气机叶轮模型（图 3-2-1）设计任务的实施，掌握并综合运用草图绘制、旋转等基本实体特征的创建方法，以及扫掠、倒圆角、倒角、孔等特征的创建技巧，同时学会螺旋线的使用方法及阵列特征实现相同设计的重复构建，全面掌握并熟练运用各种三维建模的基本方法和技巧。压气机叶轮的造型方法对于其他同类零件的造型具有一定的借鉴作用。

扫二维码观看
视频

图 3-2-1　压气机叶轮模型

【任务分析】

通过对零件图纸的分析，压气机叶轮的三维造型主要利用扫掠命令完成叶片部分，利用阵列特征、旋转特征、孔特征、倒斜角等命令完成压气机叶轮零件的三维造型的其余部分，具体模型方案设计见表 3-2-1。

表 3-2-1　压气机叶轮模型方案设计

创建旋转特征 1	生成体素特征	创建扫掠特征 1、2	创建阵列特征
创建旋转特征 2（差）	创建旋转特征 3（和）	创建孔特征	生成倒斜角

【任务实施】

（1）新建模型文件，命名为"压气机叶轮 .prt"。

（2）创建旋转特征 1。单击【草图】按钮 📝，弹出【创建草图】对话框，选择 *X–Z* 平面作为草图平面，单击【确定】按钮进入草图，绘制图 3-2-2 所示的草图 1，单击【完成草图】按钮 🏁 **完成草图**，完成草图绘制。

单击【旋转】按钮 🔩，弹出如图 3-2-3 所示的【旋转】对话框，选择图 3-2-2 所示的草图 1 为截面，【旋转轴】为【 +*ZC*】轴，旋转角度：【开始】选项选择【值】，【角度】输入【0】；【结束】选项选择【值】，【角度】输入【360】，结果如图 3-2-4 所示。

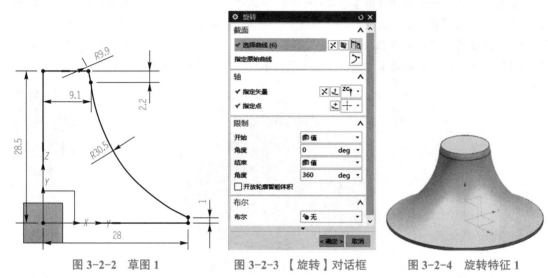

图 3-2-2　草图 1　　　　图 3-2-3　【旋转】对话框　　　　图 3-2-4　旋转特征 1

执行菜单栏【插入】→【设计特征】→【圆柱】命令，弹出如图 3-2-5 所示的【圆柱】对话框，输入【直径】为【68】，【高度】为【4】，【指定矢量】为【 +*Z*】轴，【指定点】为【0，0，–3】，【布尔】运算为【求和】，生成结果如图 3-2-6 所示。

图 3-2-5　【圆柱】对话框

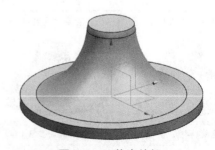

图 3-2-6　体素特征

（3）创建扫掠特征 1。单击【基准平面】按钮 🔲，弹出如图 3-2-7 所示的【基准平面】对话框，【类型】选择【成一角度】，【平面参考】选择【 *XOZ*】平面，【通过轴】选择【 *Z*】轴，其余参数按图 3-2-7 所示设置，单击【确定】按钮，创建图 3-2-8 所示的基准平面。

226

图 3-2-7 【基准平面】对话框

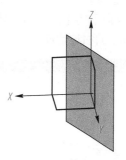

图 3-2-8 基准平面

单击【草图】按钮，弹出【创建草图】对话框，选择图 3-2-8 所示基准平面，绘制草图 2，如图 3-2-9 所示。

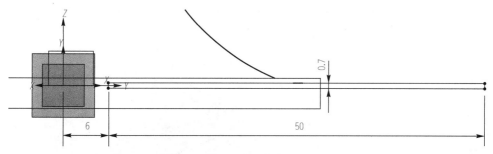

图 3-2-9 草图 2

执行菜单栏【插入】→【曲线】→【螺旋线】命令，弹出如图 3-2-10 所示的【螺旋线】对话框，矢量【方向】选择【Z】轴，其余参数按图 3-2-10 所示设置，单击【确定】按钮，完成图 3-2-11 所示的螺旋线 1。

图 3-2-10 【螺旋线】对话框

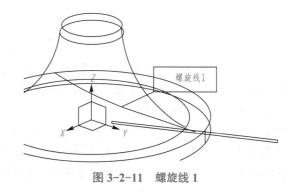

图 3-2-11 螺旋线 1

执行菜单栏【插入】→【扫掠】→【扫掠】命令，弹出如图3-2-12所示的【扫掠】对话框，【截面】选择图3-2-9所示的草图2，【引导线】选择图3-2-11所示的螺旋线1，定位的【矢量方向】为【Z】轴，其余参数按图3-2-12所示设置，单击【确定】按钮，完成图3-2-13所示的扫掠特征1。

图3-2-12 【扫掠】对话框

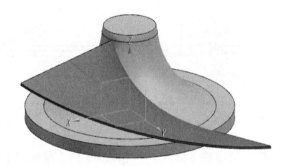

图3-2-13 扫掠特征1

（4）创建扫掠特征2。单击【草图】按钮，弹出【创建草图】对话框，选择YOZ平面，绘制草图3，如图3-2-14所示。

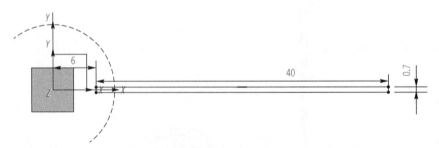

图3-2-14 草图3

执行菜单栏【插入】→【曲线】→【螺旋线】命令，弹出如图3-2-15所示的【螺旋线】对话框，矢量【方向】选择【Z】轴，其余参数按照图3-2-15所示设置，单击【确定】按钮，完成图3-2-16所示的螺旋线2。

执行菜单栏【插入】→【扫掠】→【扫掠】命令，弹出【扫掠】对话框，【截面】选择图3-2-14所示草图3，【引导线】选择图3-2-11所示螺旋线1，定位的【矢量方向】为【Z】轴，其余参数按图3-2-12所示设置，单击【确定】按钮，完成图3-2-17所示扫掠特征2。

图 3-2-15 【螺旋线】对话框

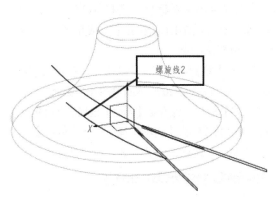

图 3-2-16 螺旋线 2

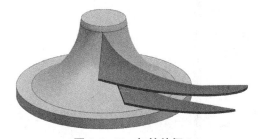

图 3-2-17 扫掠特征 2

（5）创建阵列特征。单击【阵列特征】按钮，弹出如图 3-2-18 所示的【阵列特征】对话框，选择两个扫掠特征，其余参数按图 3-2-18 所示设置，单击【确定】按钮，完成图 3-2-19 所示的阵列特征。

图 3-2-18 【阵列特征】对话框

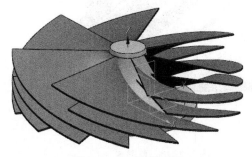

图 3-2-19 阵列特征

单击【合并】按钮 🔩合并，弹出【合并】对话框，【目标】选择旋转体，【工具】选择其余部分，单击【确定】按钮，对阵列特征及旋转特征进行布尔求和运算。

（6）创建旋转特征2（差）。单击【草图】按钮 🔳，弹出【创建草图】对话框，选择 *XOZ* 平面，绘制图3-2-20所示的草图4，单击【完成草图】按钮 🏁完成草图，完成草图绘制。

单击【旋转】按钮 🔩，弹出图3-2-21所示的【旋转】对话框，选择图3-2-20所示的草图4为截面，【旋转轴】为【+*ZC*】轴，旋转角度:【开始】选项选择【值】，【角度】输入【0】;【结束】选项选择【值】，【角度】输入【360】，布尔求差运算，结果如图3-2-22所示。

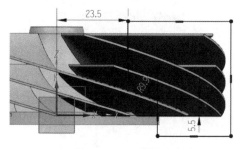

图3-2-20　草图4

图3-2-21　【旋转】对话框

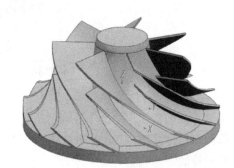

图3-2-22　旋转特征2

（7）创建旋转特征3（和）。单击【草图】按钮 🔳，弹出【创建草图】对话框，选择 *YOZ* 平面，绘制图3-2-23所示的草图5。

单击【旋转】按钮 🔩，弹出【旋转】对话框，选择图3-2-23所示的草图5为截面，【旋转轴】为【+*ZC*】轴，旋转角度:【开始】选项选择【值】，【角度】输入【0】;【结束】选项选择【值】，【角度】输入【360】，【布尔】选择【求差】，结果如图3-2-24所示。

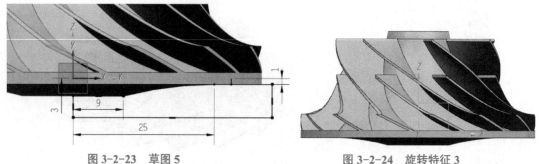

图3-2-23　草图5　　　　　　　　　　　图3-2-24　旋转特征3

（8）创建孔特征。执行菜单栏【插入】→【设计特征】→【孔】命令，弹出如图 3-2-25 所示的【孔】对话框，按图 3-2-25 所示设置参数，选择实体上表面中心位置，生成结果如图 3-2-26 所示。

图 3-2-25 【孔】对话框

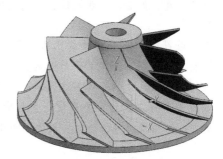

图 3-2-26 孔特征

（9）生成倒斜角。单击【倒斜角】按钮 ，弹出如图 3-2-27 所示的【倒斜角】对话框，选择图 3-2-28 所示的边，参数按图 3-2-27 所示设置，单击【确定】按钮，完成压气机叶轮模型设计，如图 3-2-29 所示。

图 3-2-27 【倒斜角】对话框

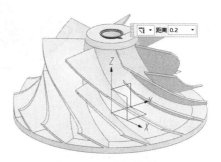

图 3-2-28 倒斜角边

图 3-2-29 压气机叶轮模型

【素养提升】

创意椅子

创意椅子（图 3-2-30）是一种打破传统设计框架，以独特造型和实用性为特点的家具设计。创意椅子的模型设计通过扫掠命令完成。扫掠命令能够根据预设的截面和引导线，生成具有特定形状和结构的模型。在椅子设计过程中，利用扫掠命令来创建独特的椅背、椅座和扶手等部分，使椅子既符合人体工学，又充满艺术感。此外，扫掠命令能够实现复杂形状的构建，如曲线、曲面等，从而增强椅子的美观性和实用性。

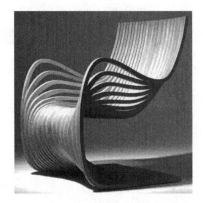

图 3-2-30　创意椅子

在当今社会，随着科技的迅猛发展和全球化的深入推进，创新能力已经不再是某个行业或领域的特殊要求，而是成了各行各业对人才的一项基本需求。在各个领域，创新能力都被视为不可或缺的重要素质。并且应不断提升个人解决问题的能力，在未来的职业生涯中，成为能够引领变革、推动发展的创新型人才。

扫二维码查看
创意椅子操作
步骤

【任务拓展】

完成图 3-2-31 所示的挡油盘三维模型。

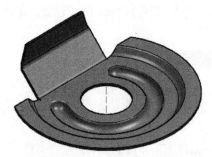

扫二维码观看
视频

图 3-2-31　挡油盘三维模型

【任务评价】

（1）学习了哪些新的知识点？

（2）掌握了哪些新技能点？

（3）对于本次任务的完成情况是否满意？写出课后总结反思。

任务 3.3 涡轮壳模型设计

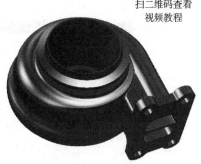

扫二维码查看
视频教程

【任务描述】

通过涡轮壳模型（图 3-3-1）设计任务的实施，掌握并综合应用拉伸、旋转、直纹曲面、扫掠实体、面倒圆、拔模、抽壳、孔等基本特征的创建方法和技巧，熟练掌握草图的创建技巧，学会灵活且准确地运用各种三维建模命令的基本方法和技巧。涡轮壳的造型方法为其他同类零件的建模提供了借鉴与参考。

图 3-3-1 涡轮壳模型

【任务分析】

通过对零件图纸的分析，涡轮壳的三维造型主要利用扫掠命令完成排气管，利用拉伸、旋转等命令完成涡轮壳零件的三维造型的其余部分，具体模型方案设计见表 3-3-1。

表 3-3-1 涡轮壳模型方案设计

创建扫掠特征 1	创建旋转特征 1	创建拉伸特征 1、2	创建旋转特征 2
创建扫掠特征 2（差）	通过曲线组实体（差）	创建孔	创建旋转特征 3（差）
创建拉伸特征 3、4	创建旋转特征 4	完成细节特征	

【任务实施】

（1）创建扫掠特征 1。执行菜单栏【插入】→【在任务环境中绘制草图】命令，弹出如图 3-3-2 所示的【创建草图】对话框，选择 *XOY* 平面为草图绘制平面，完成图 3-3-3 所示的草图 1。

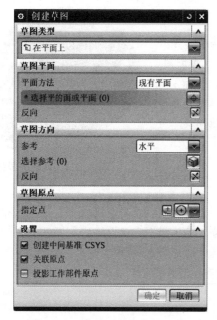

图 3-3-2 【创建草图】对话框

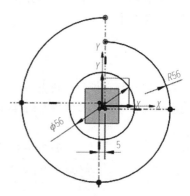

图 3-3-3 草图 1

执行菜单栏【插入】→【基准/点】→【基准平面】命令，弹出图 3-3-4 所示的【基准平面】对话框，创建基准平面 1，如图 3-3-5 所示。

图 3-3-4 【基准平面】对话框

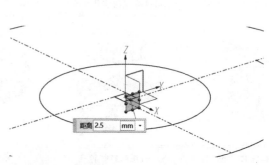

图 3-3-5 基准平面 1

执行菜单栏【插入】→【在任务环境中绘制草图】命令，弹出【创建草图】对话框，选择基准平面 1 为草图绘制平面，完成图 3-3-6 所示的草图 2。

执行菜单栏【插入】→【扫掠】→【扫掠】命令，弹出如图 3-3-7 所示的【扫掠】对话框，选择图 3-3-8 所示的截面曲面，选择 1 为【截面线】，选择 2 为【引导线】，单击【确定】按钮，完成图 3-3-9 所示的扫掠特征 1。

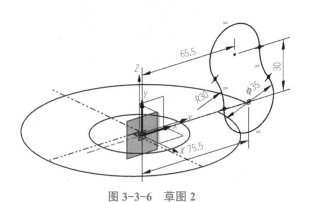

图 3-3-6　草图 2　　　　　　　　　　图 3-3-7　【扫掠】对话框

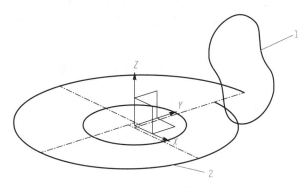

图 3-3-8　曲线示意 1　　　　　　　　图 3-3-9　扫掠特征 1

（2）创建旋转特征 1。执行菜单栏【插入】→【在任务环境中绘制草图】命令，弹出【创建草图】对话框，选择 *YOZ* 平面为草图绘制平面，完成图 3-3-10 所示的草图 3，单击【确定】按钮，完成图 3-3-11 所示的旋转特征 1。

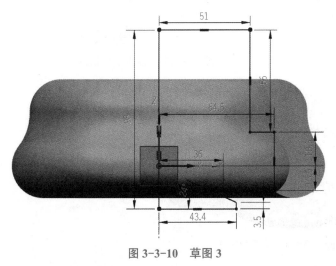

图 3-3-10　草图 3　　　　　　　　　　图 3-3-11　旋转特征 1

单击【边倒圆】按钮⬡，设定半径为 5，选择图 3-3-12 所示的边 1，单击【确定】按钮，继续设置半径为 2，选择图 3-3-13 所示的边 2，单击【确定】按钮。

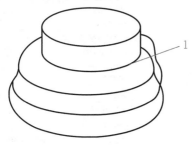

图 3-3-12　边倒圆边 1

图 3-3-13　边倒圆边 2

（3）创建拉伸特征 1。执行菜单栏【插入】→【设计特征】→【拉伸】命令，弹出【拉伸】对话框，单击▦按钮，弹出【创建草图】对话框，选择图 3-3-14 所示平面，按图绘制草图 4。

执行菜单栏【插入】→【设计特征】→【拉伸】命令，弹出【拉伸】对话框，单击【选择曲线】，选择草图 4，【方向】为 X 轴正方向，其余参数按图 3-3-15 所示设置，单击【确定】按钮，完成图 3-3-16 所示的拉伸特征 1。

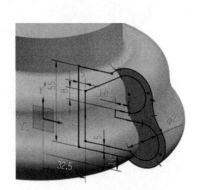

图 3-3-14　草图 4

图 3-3-15　【拉伸】对话框

图 3-3-16　拉伸特征 1

（4）创建拉伸特征 2。执行菜单栏【插入】→【在任务环境中绘制草图】命令，弹出【创建草图】对话框，选择图 3-3-17 所示平面，完成草图 5。

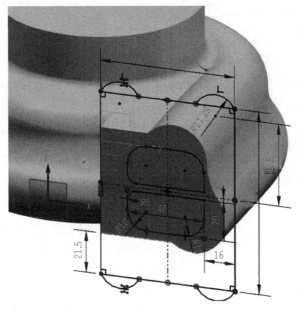

图 3-3-17　草图 5

执行菜单栏【插入】→【设计特征】→【拉伸】命令，弹出如图 3-3-18 所示的【拉伸】对话框，单击【选择曲线】，选择草图 5 外围边框线，【方向】为 X 轴正方向，其余参数按图 3-3-18 设置，单击【确定】按钮，完成图 3-3-19 所示的拉伸特征 2。

图 3-3-18　【拉伸】对话框

图 3-3-19　拉伸特征 2

（5）创建旋转特征 2。执行菜单栏【插入】→【设计特征】→【旋转】命令，弹出【旋转】对话框，单击【草图】按钮，弹出【创建草图】对话框，选择 YOZ 平面，绘制图 3-3-20 所示的草图 6，单击【确定】按钮，完成图 3-3-21 所示的旋转特征 2。

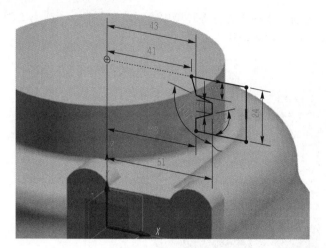

图 3-3-20 草图 6

图 3-3-21 旋转特征 2

（6）创建扫掠特征 2（差）。执行菜单栏【插入】→【扫掠】→【扫掠】命令，弹出如图 3-3-22 所示的【扫掠】对话框，选择图 3-3-23 所示的截面曲面，选择 1 为【截面线】，选择 2 为【引导线】，单击【确定】按钮，完成图 3-3-24 所示的扫掠特征 2。

执行菜单栏【插入】→【组合】→【减去】命令，弹出【求差】对话框，【工具】选择扫掠特征 2，【目标】选择其余部分，单击【确定】按钮，完成图 3-3-25 所示的求差实体 1。

图 3-3-22 【扫掠】对话框

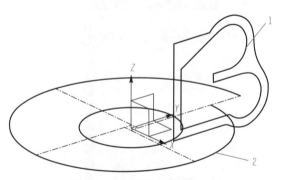

图 3-3-23 曲线示意 2

图 3-3-24 扫掠特征 2

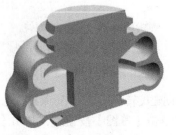

图 3-3-25 求差实体 1

（7）通过曲线组实体（差）。执行菜单栏【插入】→【网格曲面】→【通过曲线组】命令，弹出如图 3-3-26 所示的【通过曲线组】对话框，选择图 3-3-27 所示的曲线 1、2 作为截面曲线，其余参数设置如图 3-3-26 所示。

图 3-3-26 【通过曲线组】对话框

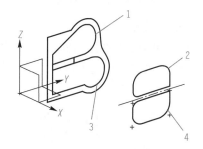

图 3-3-27 曲线选择示意 1

继续选择图 3-3-27 所示曲线 3、4 作为截面曲线，完成如图 3-3-28 所示的通过曲线组实体。

执行菜单栏【插入】→【组合】→【减去】命令，弹出【求差】对话框，【工具】选择【通过曲线组实体】，【目标】选择其余部分，单击【确定】按钮，完成图 3-3-29 所示的求差特征 2。

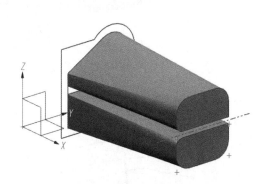

图 3-3-28 通过曲线组实体

图 3-3-29 求差特征 2

（8）创建孔。执行菜单栏【插入】→【设计特征】→【孔】命令，弹出如图 3-3-30 所示的【孔】对话框，选择圆弧中位置，其余参数按图 3-3-30 所示设置，单击【确定】按钮，完成图 3-3-31 所示的孔特征。

图 3-3-30 【孔】对话框

图 3-3-31 孔特征

（9）创建旋转特征 3(差)。执行菜单栏【插入】→【设计特征】→【旋转】命令，弹出【旋转】对话框，单击【草图】按钮，弹出【创建草图】对话框，选择 *YOZ* 平面，绘制图 3-3-32 所示的草图 7，单击【确定】按钮，完成图 3-3-33 所示的旋转特征 3。

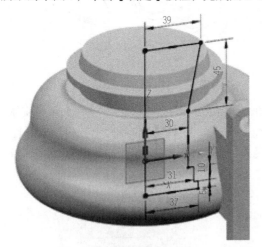

图 3-3-32 草图 7

图 3-3-33 旋转特征 3

（10）创建拉伸特征 3、4。执行菜单栏【插入】→【基准/点】→【基准平面】命令，弹出【基准平面】对话框，【类型】为【按某一距离】，选择下表面平面为【平面参考】，偏置【距离】为【28】，如图 3-3-34 所示，单击【确定】按钮，完成基准平面 2 创建。

执行菜单栏【插入】→【在任务环境中绘制草图】命令，选择图 3-3-34 所示基准平面 2，完成图 3-3-35 所示的草图 8。

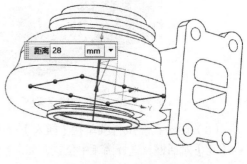

图 3-3-34 基准平面 2

执行菜单栏【插入】→【设计特征】→【拉伸】命令，弹出如图 3-3-36 所示的【拉伸】对话框，单击【选择曲线】，选择图 3-3-37 所示的曲线，【方向】为 Z 轴正方向，其余参数按图 3-3-36 所示设置，单击【确定】按钮，完成图 3-3-38 所示的拉伸特征 3。

选择【拉伸】命令，弹出如图 3-3-39 所示的【拉伸】对话框，单击【选择曲线】，选择草图 8 作为截面线，【方向】为 Z 轴正方向，其余参数按图 3-3-39 所示设置，单击【确定】按钮，完成图 3-3-40 所示的拉伸特征 4。

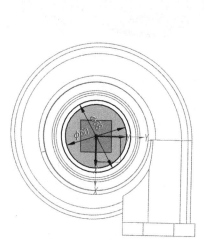

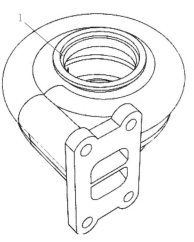

| 图 3-3-35　草图 8 | 图 3-3-36　【拉伸】对话框 | 图 3-3-37　曲线选择示意 2 |

| 图 3-3-38　拉伸特征 3 | 图 3-3-39　【拉伸】对话框 | 图 3-3-40　拉伸特征 4 |

（11）创建旋转特征 4。执行菜单栏【插入】→【设计特征】→【拉伸】命令，弹出【拉伸】对话框，单击【草图】按钮图，弹出【创建草图】对话框，选择 XOZ 平面，绘制图 3-3-41 所示的草图 9，单击【确定】按钮，完成图 3-3-42 所示的旋转特征 4。

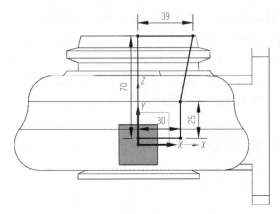

图 3-3-41　草图 9

图 3-3-42　旋转特征 4

（12）完成细节特征。执行菜单栏【插入】→【细节特征】→【边倒圆】命令，选择图 3-3-43 所示的边 1 设置半径为 3，单击【确定】按钮。

继续选择图 3-3-44 所示的边 2 和图 3-3-43 所示的边 5，设置半径为 1，单击【确定】按钮。

执行菜单栏【插入】→【细节特征】→【倒斜角】命令，选择图 3-3-44 所示的边 3 和图 3-3-45 所示的边 4，设置倒角距离为 1，单击【确定】按钮，完成图 3-3-46 所示的涡轮壳模型。

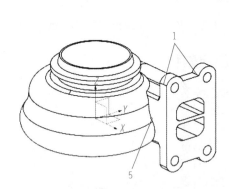

图 3-3-43　边 1、边 5 示意

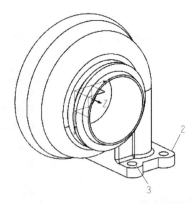

图 3-3-44　边 2、边 3 示意

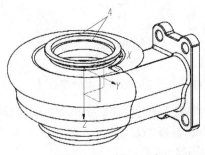

图 3-3-45　边 4 示意

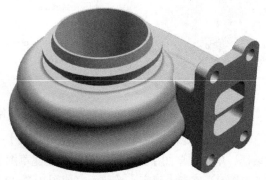

图 3-3-46　涡轮壳模型

旋转楼梯

旋转楼梯（图3-3-47）为螺旋形或螺旋式楼梯，通常是围绕一根单柱布置。由于其流线造型美观、典雅，节省空间而受欢迎。

旋转楼梯的模型设计利用了扫掠和阵列命令完成。我们的成长过程如同一次不断攀升旋转楼梯的旅程，每一步都蕴含着知识、能力和品德的积累与提升。在这个螺旋上升的过程中，我们每一个阶段的学习与成长都建立在前一个阶段的基础之上。这不仅仅是对知识的积累，更是对自我能力的锻炼和对品德的锤炼。每一次的提升，都是对自我的超越和挑战，让我们能够更加全面和深入地认识自己，进而实现更加广阔的进步。

图 3-3-47 旋转楼梯

【任务拓展】

完成图3-3-48所示的创意造型设计。

图 3-3-48 创意造型

扫二维码查看旋转楼梯操作步骤

【任务评价】

（1）学习了哪些新的知识点？

（2）掌握了哪些新技能点？

（3）对于本次任务的完成情况是否满意？写出课后总结反思。

任务 3.4 压气机壳模型设计

扫二维码观看
视频

【任务描述】

通过对压气机壳模型（图 3-4-1）设计任务的实施，掌握拉伸、旋转、直纹曲面、扫掠实体、边倒圆、拔模、抽壳等基本特征的创建技巧，并熟练运用草图的创建方法，掌握并综合运用各种三维建模的基本方法和技巧。压气机壳的造型方法对同类零件的造型具有一定的参考价值。

【任务分析】

通过对零件图纸的分析，压气机壳的三维造型利用扫掠命令完成进气管部分，其余利用旋转、拉伸等命令完成压气机壳零件的三维造型的其余部分，具体模型方案设计见表 3-4-1。

图 3-4-1 压气机壳模型

表 3-4-1 压气机壳模型方案设计

绘制草图	创建扫掠实体 1、2	创建旋转实体 1
创建体素特征	创建通过曲线组实体 1、2	创建拉伸实体
创建扫掠实体 3、4	创建通过曲线组实体 3	求差实体

创建旋转实体2	创建螺纹孔	完成细节特征

【任务实施】

（1）创建扫掠实体1、2。执行菜单栏【插入】→【在任务环境中绘制草图】命令，选择 *XOY* 平面为草图绘制平面，绘制正方形，以各个角点为起始位置绘制四条辅助线，结果如图3-4-2所示。以正方形左上角点为圆心，直径为108，绘制图3-4-3所示的草图2。以正方形左下角为圆形绘制图3-4-4所示的草图3。以正方形右下角为圆心绘制图3-4-5所示的草图4。以正方形右上角为圆心，绘制图3-4-6所示的草图5。

执行菜单栏【插入】→【基准/点】→【基准】命令，弹出【基准平面】对话框，【类型】为【按某一距离】，【平面参考】为【XOZ】，输入【距离】为【2.5】，【方向】为【+Y】，创建图3-4-7所示的基准平面1，单击【确定】按钮。

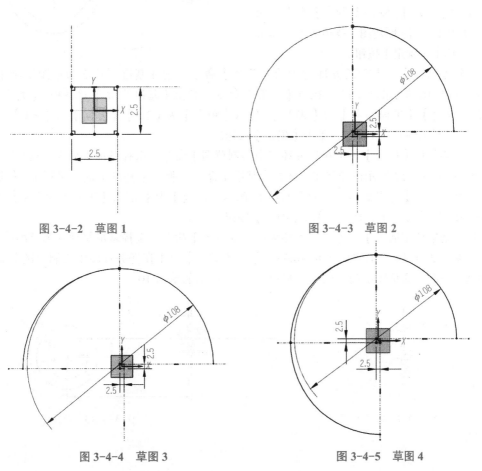

图3-4-2 草图1   图3-4-3 草图2

图3-4-4 草图3   图3-4-5 草图4

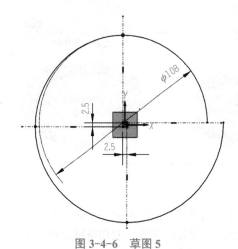

图 3-4-6　草图 5

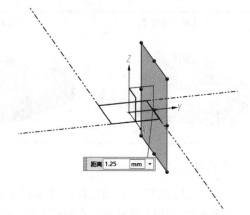

图 3-4-7　基准平面 1

执行菜单栏【插入】→【在任务环境中绘制草图】命令，选择基准平面 1 为草图绘制平面，绘制图 3-4-8 所示的草图 6。

执行【基准】命令，弹出【基准平面】对话框，【类型】为【按某一距离】，【平面参考】为【YOZ】，输入【距离】为【2.5】，【方向】为【-X】，创建图 3-4-9 所示的基准平面 2，单击【确定】按钮。

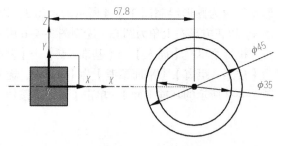

图 3-4-8　草图 6

执行【插入】→【在任务环境中绘制草图】命令，选择基准平面 2 为草图绘制平面，绘制图 3-4-10 所示的草图 7。执行【基准】命令，弹出【基准平面】对话框，【类型】为【按某一距离】，【平面参考】为【XOZ】，输入【距离】为【2.5】，【方向】为【+X】，创建图 3-4-11 所示的基准平面 3，单击【确定】按钮。

执行菜单栏【插入】→【在任务环境中绘制草图】命令，选择基准平面 3 为草图绘制平面，绘制图 3-4-12 所示的草图 8。选择【基准】命令，弹出【基准平面】对话框，【类型】为【按某一距离】，【平面参考】为【YOZ】，输入【距离】为【2.5】，【方向】为【X】，创建图 3-4-13 所示的基准平面 4，单击【确定】按钮。

执行菜单栏【插入】→【在任务环境中绘制草图】命令，选择基准平面 4 为草图绘制平面，绘制图 3-4-14 所示的草图 9。执行菜单栏【插入】→【在任务环境中绘制草图】命令，选择基准平面 1 为草图绘制平面，绘制图 3-4-15 所示的草图 10。

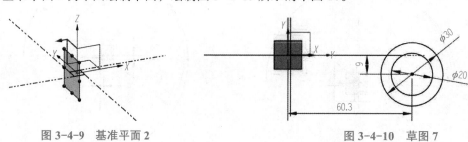

图 3-4-9　基准平面 2

图 3-4-10　草图 7

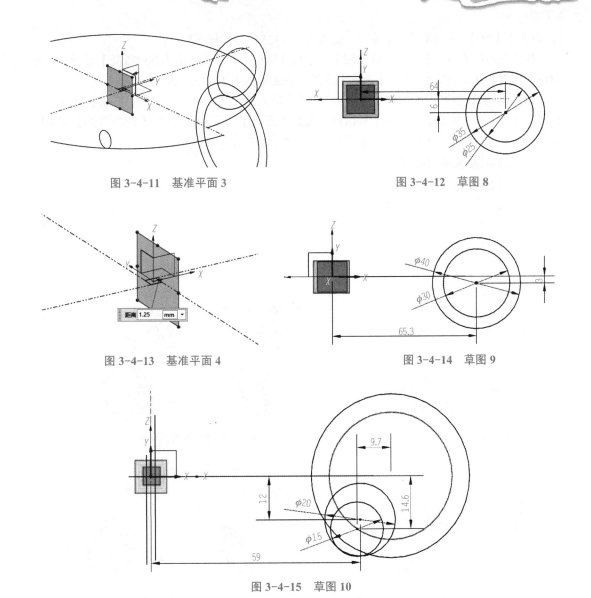

图 3-4-11　基准平面 3

图 3-4-12　草图 8

图 3-4-13　基准平面 4

图 3-4-14　草图 9

图 3-4-15　草图 10

执行菜单栏【插入】→【扫掠】→【扫掠】命令，弹出如图 3-4-16 所示的【扫掠】对话框，选择图 3-4-17 所示的 1、2、3 为截面曲面，选择 4、5 为引导线，参数设置如图 3-4-16 所示，单击【确定】按钮，得到图 3-4-18 所示的扫掠实体 1。

执行【扫掠】命令，选择图 3-4-19 所示 3、6、7 为截面曲面，选择 8、9 为引导线，单击【确定】按钮，参数设置如图 3-4-16 所示，得到图 3-4-20 所示的扫掠实体 2。执行【插入】→【组合】→【合并】命令，【目标】及【工具】分别选择扫掠实体 1 和扫掠实体 2。

（2）创建旋转实体 1。执行菜单栏【插入】→【设计特征】→【旋转】命令，弹出【旋转】对话框，单击【草图】按钮 ，弹出【创建草图】对话框，选择 XOZ 平面，绘制图 3-4-21 所示的草图 11，单击【确定】按钮，完成图 3-4-22 所示的旋转实体 1。

（3）创建体素特征。执行菜单栏【插入】→【设计特征】→【圆柱】命令，弹出如图 3-4-23 所示的【圆柱】对话框，【指定矢量】为【+Z】向，单击【指定点】按钮 ，弹出如图 3-4-24 所示的【点】对话框，设置坐标为（70，0，–28），单击【确定】按钮，设置【直径】为【18】，

【高度】为【25】，单击【确定】按钮，完成图 3-4-25 所示的体素特征。

执行菜单栏【插入】→【关联复制】→【设计特征】命令，弹出【阵列特征】对话框，参数设置如图 3-4-26 所示，单击【确定】按钮，完成图 3-4-27 所示的阵列特征。

（4）创建通过曲线组实体 1。执行菜单栏【插入】→【基准/点】→【基准】命令，弹出图 3-4-28 所示的【基准平面】对话框，设置【距离】为【50】，选择【扫掠实体】端面作为平面，创建图 3-4-29 所示的基准平面 5，单击【确定】按钮。

图 3-4-16 【扫掠】对话框

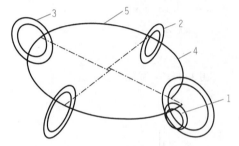

图 3-4-17 线框示意 1

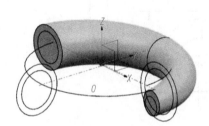

图 3-4-18 扫掠实体 1

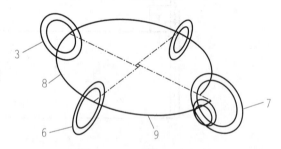

图 3-4-19 线框示意 2

图 3-4-20 扫掠实体 2

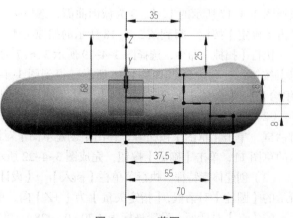

图 3-4-21 草图 11

图 3-4-22　旋转实体 1

图 3-4-23　【圆柱】对话框

图 3-4-24　【点】对话框

图 3-4-25　体素特征

图 3-4-26　【阵列特征】对话框

图 3-4-27　阵列特征

图 3-4-28　【基准平面】对话框

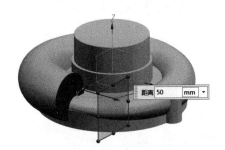

图 3-4-29　基准平面 5

　　执行菜单栏【插入】→【在任务环境中绘制草图】命令，弹出【创建草图】对话框，选择基准平面 5 为草图绘制平面，完成图 3-4-30 所示的草图 12。

执行菜单栏【插入】→【网格曲面】→【通过曲线组】命令，弹出图 3-4-31 所示的【通过曲线组】对话框，截面选择图 3-4-32 所示的线条 1，单击【添加新集】按钮，选择线条 2，其余参数设置参考图 3-4-31 所示，单击【选择面】按钮，选择扫掠曲面，单击【确定】按钮，完成如图 3-4-33 所示通过曲线组实体 1。

图 3-4-30　草图 12

图 3-4-31　【通过曲线组】对话框

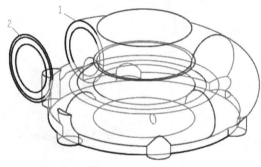

图 3-4-32　线框示意 3

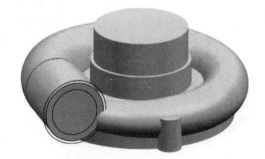

图 3-4-33　通过曲线组实体 1

（5）创建通过曲线组实体 2。执行菜单栏【插入】→【基准/点】→【基准】命令，弹出【基准平面】对话框，参数设置如图 3-4-34 所示，创建基准平面 6，如图 3-4-35 所示。

图 3-4-34　【基准平面】对话框

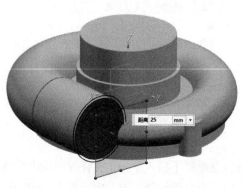

图 3-4-35　基准平面 6

执行菜单栏【插入】→【在任务环境中绘制草图】命令，弹出【创建草图】对话框，选择基准平面 6 为草图绘制平面，完成草图 13，如图 3-4-36 所示。

执行菜单栏【插入】→【网格曲面】→【通过曲线组】命令，弹出图 3-4-37 所示的【通过曲线组】对话框，截面选择如图 3-4-38 所示线条 1，单击【添加新集】按钮，选择线条 2，其余参数设置如图 3-4-37 所示，单击【确定】按钮，完成图 3-4-39 所示的通过曲线组实体 2。

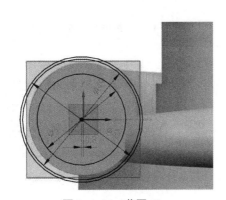

图 3-4-36　草图 13

图 3-4-37　【通过曲线组】对话框

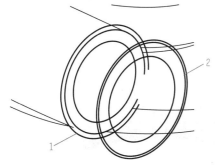

图 3-4-38　线框示意 4

图 3-4-39　通过曲线组实体 2

（6）创建拉伸实体。执行菜单栏【插入】→【设计特征】→【拉伸】命令，弹出图 3-4-40 所示的【拉伸】对话框，单击【选择曲线】按钮，选择图 3-4-41 所示的曲线 1，【方向】为【-Y】轴，其余参数按图 3-4-40 所示设置，单击【确定】按钮，完成图 3-4-42 所示的拉伸实体 1。

执行菜单栏【插入】→【组合】→【合并】命令，弹出【合并】对话框，【目标】选择扫掠实体 1，【工具】选择其余部分，单击【确定】按钮，完成实体求和。

（7）创建扫掠实体 3、4。执行菜单栏【插入】→【扫掠】→【扫掠】命令，弹出【扫掠】对话框，选择图 3-4-43 所示的 1、2、3 为截面曲面，选择 4、5 为引导线，参数设置如图 3-4-44 所示，单击【确定】按钮，完成图 3-4-45 所示的扫掠实体 3。

执行【扫掠】命令，弹出【扫掠】对话框，选择图 3-4-46 所示的 3、6、7 为截面曲面，选择 8、9 为引导线，单击【确定】按钮，完成如图 3-4-47 所示的扫掠实体 4。

图 3-4-40 【拉伸】对话框

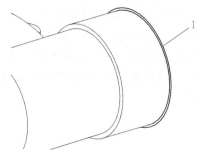

图 3-4-41 线框示意 5

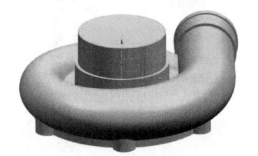

图 3-4-42 拉伸实体 1

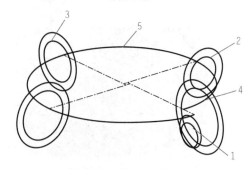

图 3-4-43 线框示意 6

图 3-4-44 【扫掠】对话框

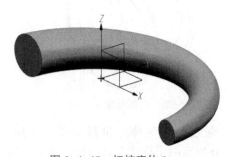

图 3-4-45 扫掠实体 3

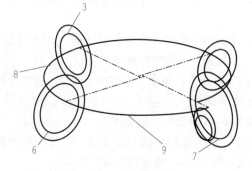

图 3-4-46 线框示意 7

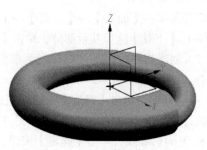

图 3-4-47 扫掠实体 4

（8）创建通过曲线组实体3。执行菜单栏【插入】→【网格曲面】→【通过曲线组】命令，弹出【通过曲线组】对话框，选择如图3-4-48所示线框示意8，截面选择图3-4-48所示的线条1，单击【添加新集】按钮，选择线条2，单击【添加新集】按钮，选择线条3，参数设置如图3-4-49所示，选择扫掠实体4为相切面，单击【确定】按钮，完成图3-4-50所示的通过曲线组实体3。

执行菜单栏【插入】→【组合】→【合并】命令，弹出【合并】对话框，【目标】选择扫掠实体3，【工具】选择扫掠实体4、通过曲线组实体3，单击【确定】按钮，完成实体求和。

执行菜单栏【插入】→【组合】→【减去】命令，弹出【求差】对话框，【目标】选择上述（6）中创建的求和实体，【工具】选择上述（8）中创建的求和实体，单击【确定】按钮，完成图3-4-51所示的求差实体。

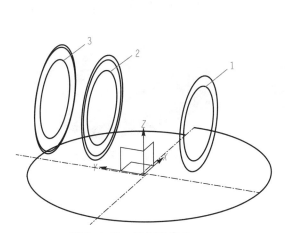

图3-4-48　线框示意8

图3-4-49　【通过曲线组】对话框

图3-4-50　通过曲线组实体3

图3-4-51　求差实体

（9）创建旋转实体2。执行菜单栏【插入】→【设计特征】→【旋转】命令，弹出如图3-4-52所示的【旋转】对话框，单击【草图】按钮，弹出【创建草图】对话框，选择XOZ平面，绘制图3-4-53所示的草图14，参数设置如图3-4-52所示，单击【确定】按钮，完成图3-4-54所示的旋转实体2。

（10）创建螺纹孔。执行菜单栏【插入】→【设计特征】→【孔】命令，弹出如图3-4-56所示的【孔】对话框，【位置】选择如图3-4-55所示8个圆柱体中心位置，参数设置如图3-4-56所示，单击【确定】按钮，完成图3-4-57所示的螺纹孔特征。

图 3-4-52 【旋转】对话框

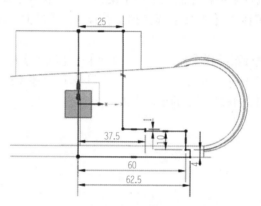

图 3-4-53 草图 14

图 3-4-54 旋转实体 2

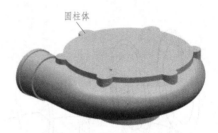

图 3-4-55 圆柱体示意

图 3-4-56 【孔】对话框

图 3-4-57 螺纹孔

（11）完成细节特征。执行菜单栏【插入】→【细节特征】→【边倒圆】命令，设置半径为1，选择图3-4-58所示的边1，单击【应用】按钮，设置半径为2，选择图3-4-58所示的边2、边3、边4、边5，选择图3-4-59所示的边6，设置半径为5，选择图3-4-60所示的边7，单击【确定】按钮，完成图3-4-61所示的边倒圆实体1。

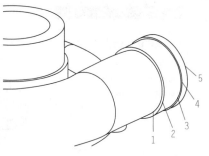

图 3-4-58　线框示意 9

图 3-4-59　线框示意 10

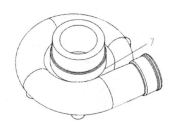

图 3-4-60　线框示意 11

图 3-4-61　边倒圆实体 1

执行菜单栏【插入】→【细节特征】→【倒斜圆】命令，弹出图3-4-62所示【倒斜角】对话框，选择如图3-4-63所示边1，参数设置如图3-4-62所示，单击【确定】按钮，完成图3-4-64所示的倒斜角实体1。

执行【倒斜圆】命令，弹出图3-4-65所示的【倒斜角】对话框，选择图3-4-63所示的边2，参数设置如图3-4-65所示，单击【确定】按钮，完成图3-4-66所示的倒斜角实体2。

执行【倒斜圆】命令，弹出图3-4-67所示的【倒斜角】对话框，选择图3-4-63所示的边3，参数设置如图3-4-67所示，单击【确定】按钮，完成图3-4-68所示的倒斜角实体3。

执行菜单栏【插入】→【细节特征】→【边倒圆】命令，设置半径为5，选择图3-4-69所示的边1，单击【应用】按钮，设置半径为2，选择图3-4-69所示的边2，单击【应用】按钮，完成图3-4-70所示的边倒圆实体2。

图 3-4-62　【倒斜角】
对话框 1

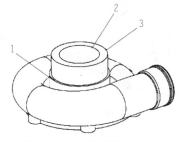

图 3-4-63　线框示意 12

图 3-4-64　倒斜角实体 1

图 3-4-65 【倒斜角】对话框 2

图 3-4-66 倒斜角实体 2

图 3-4-67 【倒斜角】对话框 3

图 3-4-68 倒斜角实体 3

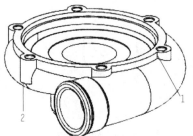

图 3-4-69 线框示意 13

图 3-4-70 边倒圆实体 2

执行菜单栏【插入】→【细节特征】→【倒斜角】命令，弹出【倒斜角】对话框，选择图 3-4-71 所示的边 1，参数设置如图 3-4-72 所示，单击【确定】按钮，完成图 3-4-73 所示的倒斜角实体 4。

执行菜单栏【插入】→【细节特征】→【边倒圆】命令，设置半径为 12.5，选择图 3-4-71 所示的边 2，单击【确定】按钮，完成图 3-4-74 所示的边倒圆实体 3。

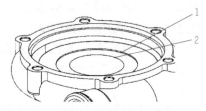

图 3-4-71 线框示意 14

图 3-4-72 【倒斜角】对话框 4

图 3-4-73 倒斜角实体 4

图 3-4-74 边倒圆实体 3

（12）保存，完成。

冬奥会火炬

北京冬奥会是一次具有深远意义的国际盛事，北京冬奥会的成功举办，向世界展示了新时代中国的繁荣发展和国际地位的提升。冬奥会留下了丰富的物质遗产和宝贵的精神财富。这些财富不仅是体育竞技的成果，也是国家精神和文化的重要组成部分。

图 3-4-75　冬奥会火炬

冬奥会火炬（图 3-4-75）是一个融合了技术与精神价值的杰出作品。利用扫掠命令完成火炬模型的设计，不仅展示了现代科技的精确与高效，也体现了设计者的创新思维与匠心独运。扫掠命令的运用使火炬模型的线条流畅、形态优美，呈现出一种动态的美感。这种设计不仅符合火炬作为传递奥运精神的重要载体的身份，也彰显了现代工业设计的先进性和精准性。冬奥会火炬模型的设计还体现了坚韧不拔、勇于挑战的精神价值。火炬作为奥运精神的象征，其本身就代表着一种不屈不挠、勇往直前的精神。同时，冬奥会火炬模型的设计也体现了爱国情怀和社会责任感。火炬作为国家的象征之一，其设计蕴含着深厚的爱国情怀。冬奥会火炬模型的设计是一个融合了技术与精神价值的杰出作品。

【任务拓展】

完成图 3-4-76 所示的椭圆酒杯造型设计。

扫二维码查看
冬奥会火炬
操作步骤

图 3-4-76　椭圆酒杯造型

【任务评价】

（1）学习了哪些新的知识点？

（2）掌握了哪些新技能点？

（3）对于本次任务的完成情况是否满意？写出课后总结反思。

参 考 文 献

［1］槐创峰，贾雪艳. UG NX10 中文版完全自学手册［M］. 北京：人民邮电出版社，2018.

［2］刘生，卢园. UG NX12 中文版从入门到精通［M］. 北京：人民邮电出版社，2020.

［3］魏峥. 工业产品类 CAD 技能二、三级（三维几何建模与处理）UG NX 培训教程［M］. 北京：清华大学出版社，2011.

［4］张云杰，郝利剑. UG NX12 中文版完全自学手册［M］. 北京：清华大学出版社，2020.

［5］单岩，吴立军，蔡娥. UG NX12 三维造型技术基础［M］. 3 版. 北京：清华大学出版社，2020.

［6］赵军，王媛媛. UG NX12.0 产品创新设计实战精讲［M］. 北京：电子工业出版社，2022.